もくじ

教育出版版
小学算数
6年　準拠

JN085136

教科書の内容

ページ

1 文字を使った式

/100点

1 次の❶と❷を、文字を使った式で表しましょう。 1つ8〔16点〕

❶ 1Lの牛乳のうち、xL を飲んだときの残りの量

( )

❷ 高さが6cmで、面積が$x$cm² の平行四辺形の底辺の長さ

( )

2 みかさんは、いちごを4パック買いました。 1つ14〔42点〕

❶ 1パックに入っているいちごの数をx個として、4パック分のいちごの個数を式に表しましょう。

( )

❷ いちごは全部で32個ありました。1パックには何個のいちごが入っていたでしょうか。

【式】

答え( )

3 25円のえんぴつをa本と100円の消しゴムを1個買って、500円玉を1枚出すとおつりがb円になりました。 1つ14〔42点〕

❶ aとbの関係を式に表しましょう。

| | $=b$

❷ aが8のとき、おつりはいくらになるでしょうか。 ( )

❸ aが12のとき、おつりはいくらになるでしょうか。 ( )

1　文字を使った式

／100点

1　1辺の長さが x cm の正六角形の周りの長さを y cm とします。　　　1つ20〔60点〕

① 　x と y の関係を式に表しましょう。

（　　　　　　　　　　　）

② 　1辺の長さが6cm のとき、周りの長さは何cm でしょうか。

（　　　　　　　　）

③ 　周りの長さが45cm のとき、1辺の長さは何cm でしょうか。

（　　　　　　　　）

2　次の①〜④の式に表される場面を、下の⑦〜⑤から選んで、記号で答えましょう。　　　1つ10〔40点〕

① 　$30+x=y$　　　　② 　$30-x=y$
③ 　$30×x=y$　　　　④ 　$30÷x=y$

---

⑦　30cm のテープを同じ長さずつ x 本に分けます。1本の長さは y cm です。

①　大人が30人、子どもが x 人います。全部で y 人います。

⑦　色紙が30枚あります。x 枚使うと、残りは y 枚です。

①　1個30円のあめを x 個買うと、代金は y 円です。

---

① （　　　　） ② （　　　　） ③ （　　　　） ④ （　　　　）

答えは
65ページ

2　分数と整数のかけ算、わり算
（分数と整数のかけ算、わり算 ①）

／100点

1 □にあてはまる数を書きましょう。　　□1つ6〔54点〕

① $\dfrac{4}{5} \times 3 = \dfrac{\boxed{} \times \boxed{}}{5} = \dfrac{\boxed{}}{5}$

② $\dfrac{5}{8} \times 2 = \dfrac{\boxed{} \times \boxed{}}{8} = \dfrac{\boxed{}}{4}$

③ $\dfrac{4}{3} \times 12 = \dfrac{\boxed{} \times \boxed{}}{3} = \boxed{}$

2 計算をしましょう。　　1つ6〔36点〕

① $\dfrac{1}{5} \times 2$

② $\dfrac{5}{4} \times 5$

③ $\dfrac{5}{12} \times 8$

④ $\dfrac{7}{3} \times 6$

⑤ $1\dfrac{3}{8} \times 7$

⑥ $1\dfrac{3}{4} \times 2$

3 1Lの重さが $\dfrac{7}{8}$ kg の油があります。この油 12L の重さは何 kg になるでしょうか。　　1つ5〔10点〕

【式】

答え（　　　　　　　）

2 分数と整数のかけ算、わり算
（分数と整数のかけ算、わり算 ①）

／100点

1 計算をしましょう。　　　　　　　　　　　　1つ8〔80点〕

① $\dfrac{2}{7} \times 2$

② $\dfrac{7}{6} \times 5$

③ $\dfrac{4}{9} \times 3$

④ $\dfrac{5}{12} \times 4$

⑤ $\dfrac{7}{36} \times 24$

⑥ $\dfrac{6}{5} \times 20$

⑦ $1\dfrac{1}{7} \times 6$

⑧ $3\dfrac{1}{3} \times 11$

⑨ $1\dfrac{7}{20} \times 5$

⑩ $2\dfrac{5}{14} \times 21$

2 花だんに、$1\,\text{m}^2$ あたり $\dfrac{4}{5}\,\text{kg}$ の肥料をまきます。$3\,\text{m}^2$ の花だんでは、肥料は何kgいるでしょうか。　　　　　　　　1つ5〔10点〕

【式】

答え（　　　　　　　）

3 1分間あたりに水が $1\dfrac{2}{3}\,\text{L}$ 出る水道管で水そうに水を入れます。5分間入れると、水は何L入るでしょうか。　　　　　　　1つ5〔10点〕

【式】

答え（　　　　　　　）

答えは **65ページ**

2　分数と整数のかけ算、わり算

（分数と整数のかけ算、わり算 ②）

／100点

1 ▶ □にあてはまる数を書きましょう。　□1つ5〔60点〕

① $\dfrac{3}{5} \div 7 = \dfrac{\boxed{}}{5 \times \boxed{}} = \dfrac{\boxed{}}{\boxed{}}$

② $\dfrac{8}{9} \div 2 = \dfrac{\boxed{}}{\boxed{} \times 2} = \dfrac{\boxed{}}{\boxed{}}$

③ $\dfrac{5}{4} \div 15 = \dfrac{\boxed{}}{4 \times \boxed{}} = \dfrac{\boxed{}}{\boxed{}}$

2 ▶ 計算をしましょう。　1つ4〔32点〕

① $\dfrac{2}{3} \div 3$

② $\dfrac{3}{4} \div 7$

③ $\dfrac{6}{7} \div 9$

④ $\dfrac{8}{9} \div 6$

⑤ $\dfrac{9}{8} \div 18$

⑥ $3\dfrac{3}{5} \div 12$

⑦ $2\dfrac{2}{7} \div 8$

⑧ $2\dfrac{4}{9} \div 11$

3 ▶ $\dfrac{10}{3}$ L のジュースを 5 本のびんに等分します。1 本分は何 L になるでしょうか。　1つ4〔8点〕

【式】

答え（　　　　　　　　）

2　分数と整数のかけ算、わり算

（分数と整数のかけ算、わり算 ②）

 ／100点

1 計算をしましょう。　1つ8〔80点〕

① $\dfrac{5}{9} \div 3$　　　② $\dfrac{7}{5} \div 3$

③ $\dfrac{3}{7} \div 6$　　　④ $\dfrac{9}{4} \div 18$

⑤ $\dfrac{14}{15} \div 7$　　　⑥ $\dfrac{39}{7} \div 26$

⑦ $3\dfrac{1}{4} \div 8$　　　⑧ $2\dfrac{5}{8} \div 7$

⑨ $6\dfrac{2}{5} \div 24$　　　⑩ $2\dfrac{4}{9} \div 14$

2 縦の長さが 3m で、面積が $\dfrac{12}{5}$ m² の長方形の形をした花だんの横の長さは何m でしょうか。　1つ5〔10点〕

【式】

答え（　　　　　）

3 5L のガソリンで、$83\dfrac{1}{3}$ km 走れる車があります。ガソリン1L あたりで、この車は何km 走れるでしょうか。　1つ5〔10点〕

【式】

答え（　　　　　）

3　対称な図形
（対称な図形 ①）

1 下の図について、線対称な図形と、点対称な図形を記号ですべて答えましょう。

1つ20〔40点〕

あ A

い B

う C

え E

お F

か N

線対称（　　　　　　　　　）

点対称（　　　　　　　　　）

2 右の図は、直線アイを対称の軸とした線対称な図形です。　1つ20〔60点〕

❶ 頂点Bと対応する頂点はどれでしょうか。（　　　　　　）

❷ 辺GFと対応する辺はどれでしょうか。（　　　　　　）

❸ 角Dと対応する角はどれでしょうか。（　　　　　　）

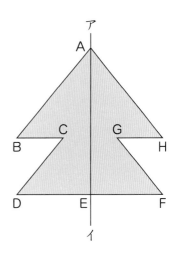

答えは
66ページ

3　対称な図形
（対称な図形 ①）

／100点

1 下の図について、線対称な図形と、点対称な図形を記号ですべて答えましょう。

1つ20〔40点〕

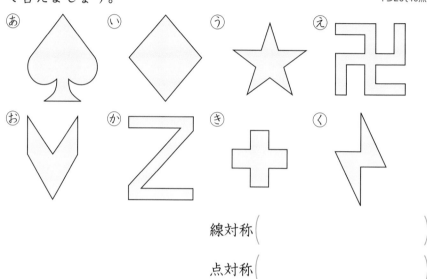

あ　い　う　え

お　か　き　く

線対称（　　　　　　　　　　　）

点対称（　　　　　　　　　　　）

2 右の図は、点対称な図形です。

1つ20〔60点〕

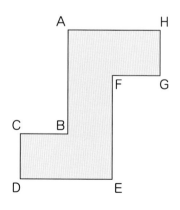

① 頂点Aと対応する頂点はどれでしょうか。（　　　　　　　）

② 辺CDと対応する辺はどれでしょうか。（　　　　　　　）

③ 角Gと対応する角はどれでしょうか。（　　　　　　　）

答えは
66ページ

きほん
5

3　対称な図形
（対称な図形②）

月　　日

10分

／100点

1 ▶ 右の図は、直線アイを対称の軸とし
た線対称な図形です。　　　1つ15〔75点〕

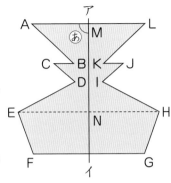

① 　直線 AL の長さが 4cm のとき、
　直線 AM の長さは何 cm でしょうか。

（　　　　　　　）

② 　あの角の大きさは何度でしょうか。

（　　　　　　　）

③ 　直線 EN と等しい長さの直線を答えましょう。

（　　　　　　　）

④ 　対称の軸と辺 FG は、どのように交わるでしょうか。

（　　　　　　　　　　　　　）

⑤ 　直線 AL と直線 FG は、どのような関係にあるでしょうか。

（　　　　　　　　　　　　　）

2 ▶ 右の図は、直線アイを対称の
軸とした線対称な図形の半分で
す。残りの半分をかきましょう。

〔25点〕

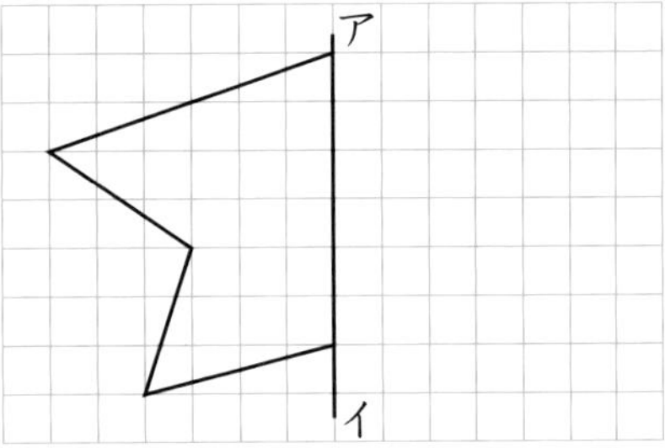

教科書 46〜49 ページ

月　　日

3 対称な図形
(対称な図形 ②)

／100点

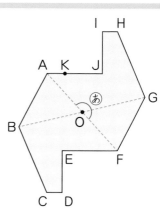

1️⃣ 右の図は、点対称な図形です。

1つ15〔75点〕

❶ 頂点Hに対応する頂点を答えましょう。

（　　　　　　　）

❷ 直線AOと等しい長さの直線を答えましょう。

（　　　　　　　）

❸ 直線DEと等しい長さの直線を答えましょう。

（　　　　　　　）

❹ 点Kと対応する点Lをかき入れましょう。

❺ あの角の大きさは何度でしょうか。

（　　　　　　　）

2️⃣ 右の図は、点Oを対称の中心とした点対称な図形の半分です。残りの半分をかきましょう。

〔25点〕

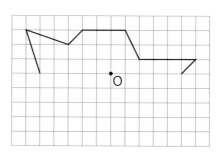

答えは
66ページ

3　対称な図形
（対称な図形 ③）

/100点

1 下の図で、線対称な図形はどれでしょうか。また、点対称な図形はどれでしょうか。記号で書きましょう。　1つ30〔60点〕

 あ　正三角形　　 い　台形　　う　平行四辺形　　え　ひし形

お　長方形　　か　正方形　　き　正五角形　　く　円

線対称（　　　　　　　　　　　）　点対称（　　　　　　　　　　　）

2 次の図形には、対称の軸は何本あるでしょうか。　1つ20〔40点〕

❶　長方形　　　　　　　　　　　❷　正六角形

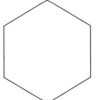

（　　　　　　　）　　　　　　（　　　　　　　）

月　　日

3 対称な図形
（対称な図形 ③）

/100点

1 次の図は、正多角形です。対称の軸をすべてかき入れましょう。

1つ10〔30点〕

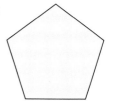

2 次の図は、点対称な図形です。対称の中心をかき入れましょう。

1つ10〔30点〕

3 右の図は、直線アイを対称の軸とした線対称な図形の半分です。残りの半分をかきましょう。また、かいた図形は何角形になるでしょうか。

1つ10〔20点〕

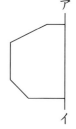

（　　　　　　　　　　　　）

4 右の図は、点Oを対称の中心とした点対称な図形の半分です。残りの半分をかきましょう。また、かいた図形はどのような図形になるでしょうか。

1つ10〔20点〕

（　　　　　　　　　　　　）

答えは
66ページ

4　分数のかけ算
（分数のかけ算 ①）

／100点

1 □にあてはまる数を書きましょう。　　　　1つ6〔12点〕

① $\dfrac{1}{4} \times \dfrac{3}{7} = \dfrac{1 \times \boxed{}}{4 \times \boxed{}} = \dfrac{\boxed{}}{\boxed{}}$

② $\dfrac{5}{6} \times \dfrac{9}{10} = \dfrac{5 \times \boxed{}}{6 \times \boxed{}} = \dfrac{\boxed{}}{\boxed{}}$

2 計算をしましょう。　　　　1つ6〔72点〕

① $\dfrac{3}{4} \times \dfrac{1}{5}$

② $\dfrac{5}{6} \times \dfrac{1}{3}$

③ $\dfrac{2}{7} \times \dfrac{2}{3}$

④ $\dfrac{2}{9} \times \dfrac{2}{5}$

⑤ $\dfrac{5}{3} \times \dfrac{5}{2}$

⑥ $\dfrac{8}{5} \times \dfrac{4}{3}$

⑦ $\dfrac{2}{3} \times \dfrac{3}{7}$

⑧ $\dfrac{1}{2} \times \dfrac{4}{9}$

⑨ $\dfrac{3}{5} \times \dfrac{5}{6}$

⑩ $\dfrac{4}{9} \times \dfrac{3}{8}$

⑪ $\dfrac{5}{6} \times \dfrac{4}{15}$

⑫ $\dfrac{7}{2} \times \dfrac{4}{7}$

3 1m^2 の重さが $\dfrac{6}{11}$ kg のボール紙があります。このボール紙 $\dfrac{2}{3} \text{m}^2$ の重さは何kgでしょうか。　　　　1つ8〔16点〕

【式】

答え（　　　　　　　　）

答えは
66ページ

4 分数のかけ算
（分数のかけ算 ①）

/100点

1 計算をしましょう。

1つ6〔72点〕

① $\dfrac{1}{4} \times \dfrac{7}{5}$

② $\dfrac{6}{5} \times \dfrac{4}{5}$

③ $\dfrac{7}{3} \times \dfrac{4}{5}$

④ $\dfrac{2}{3} \times \dfrac{11}{5}$

⑤ $\dfrac{5}{7} \times \dfrac{2}{5}$

⑥ $\dfrac{5}{6} \times \dfrac{3}{7}$

⑦ $\dfrac{2}{9} \times \dfrac{1}{6}$

⑧ $\dfrac{4}{3} \times \dfrac{9}{8}$

⑨ $\dfrac{10}{3} \times \dfrac{3}{5}$

⑩ $\dfrac{10}{9} \times \dfrac{6}{5}$

⑪ $\dfrac{7}{12} \times \dfrac{9}{14}$

⑫ $\dfrac{8}{15} \times \dfrac{9}{20}$

2 1mの重さが $\dfrac{1}{18}$ kg の銅線があります。この銅線 $\dfrac{6}{7}$ m の重さは何kgでしょうか。

1つ7〔14点〕

【式】

答え（　　　　　　　）

3 $\dfrac{2}{9}$ kg の砂糖をとかした 1L の砂糖水があります。この砂糖水 $\dfrac{3}{4}$ L の中には、何kgの砂糖がとけているでしょうか。

1つ7〔14点〕

【式】

答え（　　　　　　　）

答えは66ページ

4　分数のかけ算

（分数のかけ算 ②）

／100点

1 □にあてはまる数を書きましょう。　　　1つ8〔16点〕

① $2 \times 1\frac{2}{3} = \dfrac{\boxed{}}{\boxed{}} \times \dfrac{\boxed{}}{3} = \dfrac{\boxed{} \times \boxed{}}{\boxed{} \times 3} = \dfrac{\boxed{}}{\boxed{}}$

② $0.7 \times \dfrac{3}{5} = \dfrac{\boxed{}}{\boxed{}} \times \dfrac{3}{5} = \dfrac{\boxed{} \times 3}{\boxed{} \times 5} = \dfrac{\boxed{}}{\boxed{}}$

2 計算をしましょう。　　　1つ8〔64点〕

① $4 \times \dfrac{5}{8}$　　　② $6 \times \dfrac{4}{3}$

③ $0.3 \times \dfrac{8}{9}$　　　④ $1.8 \times \dfrac{5}{12}$

⑤ $1\frac{2}{5} \times \dfrac{3}{8}$　　　⑥ $1\frac{1}{3} \times \dfrac{5}{6}$

⑦ $\dfrac{5}{14} \times \dfrac{3}{20} \times \dfrac{7}{12}$　　　⑧ $\dfrac{5}{2} \times 4 \times \dfrac{3}{10}$

3 縦 $\dfrac{3}{5}$m、横 $1\frac{1}{6}$m の長方形の形をした板の面積を求めましょう。　　　1つ10〔20点〕

【式】

答え（　　　　　　　）

答えは
67ページ

4 分数のかけ算

（分数のかけ算 ②）

/100点

1 計算をしましょう。

1つ6〔60点〕

① $12 \times \dfrac{11}{6}$

② $8 \times 2\dfrac{1}{2}$

③ $0.8 \times \dfrac{7}{6}$

④ $1.5 \times \dfrac{1}{3}$

⑤ $2\dfrac{1}{2} \times \dfrac{3}{4}$

⑥ $\dfrac{8}{9} \times 3\dfrac{3}{8}$

⑦ $1\dfrac{1}{5} \times 2\dfrac{1}{3}$

⑧ $3\dfrac{1}{3} \times 3\dfrac{3}{5}$

⑨ $\dfrac{2}{5} \times \dfrac{3}{4} \times \dfrac{2}{3}$

⑩ $9 \times \dfrac{1}{4} \times \dfrac{16}{15}$

2 縦が 0.8 m で、横が $\dfrac{9}{4}$ m の長方形の形をした花だんがあります。この花だんの面積は何 m² でしょうか。

1つ10〔20点〕

【式】

答え（　　　　　　　　　）

3 縦 $\dfrac{4}{5}$ cm、横 $\dfrac{3}{7}$ cm、高さ $1\dfrac{5}{9}$ cm の直方体の体積を求めましょう。

1つ10〔20点〕

【式】

答え（　　　　　　　　　）

答えは 67ページ

4　分数のかけ算
（分数のかけ算 ③）

／100点

1 ▶ ☐ にあてはまる数を書きましょう。　　　　　　　　　　1つ7〔14点〕

❶ $\left(\dfrac{2}{5} \times \dfrac{2}{3}\right) \times \dfrac{3}{4} = \dfrac{2}{5} \times \left(\dfrac{\square}{\square} \times \dfrac{3}{4}\right) = \dfrac{2}{5} \times \dfrac{\square}{\square} = \dfrac{\square}{\square}$

❷ $\left(\dfrac{6}{7} + \dfrac{9}{8}\right) \times \dfrac{1}{3} = \dfrac{\square}{\square} \times \dfrac{1}{3} + \dfrac{9}{8} \times \dfrac{\square}{\square} = \dfrac{\square}{7} + \dfrac{\square}{8} = \dfrac{\square}{56}$

2 ▶ くふうして計算しましょう。　　　　　　　　　　　　1つ7〔70点〕

❶ $\left(\dfrac{6}{7} \times \dfrac{3}{5}\right) \times \dfrac{5}{3}$　　　　　❷ $\left(\dfrac{7}{17} \times \dfrac{12}{5}\right) \times \dfrac{5}{6}$

❸ $\left(\dfrac{1}{5} + \dfrac{1}{4}\right) \times \dfrac{20}{9}$　　　　　❹ $\dfrac{8}{7} \times \left(\dfrac{3}{4} + \dfrac{1}{2}\right)$

❺ $\dfrac{4}{5} \times \left(\dfrac{3}{2} - \dfrac{1}{4}\right)$　　　　　❻ $\left(\dfrac{4}{9} - \dfrac{1}{6}\right) \times \dfrac{18}{7}$

❼ $\dfrac{4}{9} \times \dfrac{1}{4} + \dfrac{4}{9} \times \dfrac{1}{3}$　　　　　❽ $\dfrac{2}{5} \times \dfrac{11}{4} - \dfrac{2}{5} \times \dfrac{3}{4}$

❾ $\dfrac{23}{21} \times \dfrac{3}{13} + \dfrac{1}{7} \times \dfrac{3}{13}$　　　❿ $\dfrac{2}{3} \times \dfrac{17}{21} - \dfrac{1}{12} \times \dfrac{17}{21}$

3 ▶ 次の数の逆数を求めましょう。　　　　　　　　　　1つ4〔16点〕

❶ $\dfrac{2}{9}$　　　（　　　　　）　　❷ $\dfrac{1}{5}$　　　（　　　　　）

❸ 7　　　（　　　　　）　　❹ 0.2　　　（　　　　　）

答えは
67ページ

4　分数のかけ算
（分数のかけ算 ③）

／100点

1 くふうして計算しましょう。　　　　　　　　　1つ7〔56点〕

① $\dfrac{7}{15} \times \left(\dfrac{5}{14} \times \dfrac{9}{10} \right)$

② $\left(\dfrac{2}{3} + \dfrac{8}{11} \right) \times \dfrac{3}{4}$

③ $\left(\dfrac{2}{3} - \dfrac{1}{2} \right) \times \dfrac{6}{11}$

④ $16 \times \left(\dfrac{3}{8} + \dfrac{1}{4} \right)$

⑤ $\left(\dfrac{3}{4} - \dfrac{2}{3} \right) \times \dfrac{12}{5}$

⑥ $\dfrac{5}{6} \times \dfrac{6}{7} - \dfrac{5}{9} \times \dfrac{6}{7}$

⑦ $\dfrac{7}{8} \times \dfrac{3}{4} + \dfrac{7}{12} \times \dfrac{7}{8}$

⑧ $\dfrac{2}{3} \times \dfrac{5}{12} - \dfrac{5}{12} \times \dfrac{2}{5}$

2 □にあてはまる数を書きましょう。　　　　　　　　1つ5〔20点〕

① $\dfrac{6}{13} \times \dfrac{\boxed{}}{\boxed{}} = 1$

② $1\dfrac{2}{3} \times \dfrac{\boxed{}}{\boxed{}} = 1$

③ $1.5 \times \dfrac{\boxed{}}{\boxed{}} = 1$

④ $0.03 \times \dfrac{\boxed{}}{\boxed{}} = 1$

3 1分間に $\dfrac{8}{3}$ L の水が出るじゃ口と、1分間に $\dfrac{4}{5}$ L の水が出るじゃ口があります。この2つのじゃ口を同時に使って水を入れると、15分間で何L の水が入るでしょうか。　　　1つ12〔24点〕

【式】

答え（　　　　　　　　　）

答えは
67ページ

きほん
10

5　分数のわり算
（分数のわり算 ①）

／100点

1 ▶ □ にあてはまる数を書きましょう。　　　　　1つ7〔14点〕

① $\dfrac{3}{5} \div \dfrac{1}{3} = \dfrac{3}{5} \times \boxed{} = \dfrac{3 \times \boxed{}}{5} = \dfrac{\boxed{}}{\boxed{}}$

② $\dfrac{2}{7} \div \dfrac{4}{5} = \dfrac{2}{7} \times \boxed{} = \dfrac{2 \times \boxed{}}{7 \times \boxed{}} = \dfrac{\boxed{}}{\boxed{}}$

2 ▶ 計算をしましょう。　　　　　　　　　　　1つ7〔70点〕

① $\dfrac{2}{3} \div \dfrac{1}{5}$　　　　　② $\dfrac{2}{5} \div \dfrac{1}{2}$

③ $\dfrac{3}{7} \div \dfrac{5}{6}$　　　　　④ $\dfrac{2}{9} \div \dfrac{3}{4}$

⑤ $\dfrac{5}{7} \div \dfrac{3}{7}$　　　　　⑥ $\dfrac{3}{4} \div \dfrac{3}{5}$

⑦ $\dfrac{1}{6} \div \dfrac{7}{3}$　　　　　⑧ $\dfrac{9}{8} \div \dfrac{3}{4}$

⑨ $\dfrac{25}{12} \div \dfrac{15}{16}$　　　⑩ $\dfrac{6}{5} \div \dfrac{3}{10}$

3 ▶ $\dfrac{4}{7}$ m の重さが $\dfrac{8}{9}$ kg の鉄の棒（ぼう）があります。この鉄の棒 1 m の

重さは何 kg でしょうか。　　　　　　　　1つ8〔16点〕

【式】

答え（　　　　　　　　）

5　分数のわり算

（分数のわり算①）

／100点

1 計算をしましょう。　　　　　　　　　　　　1つ6〔72点〕

① $\dfrac{1}{8} \div \dfrac{1}{7}$

② $\dfrac{5}{6} \div \dfrac{1}{5}$

③ $\dfrac{3}{7} \div \dfrac{2}{5}$

④ $\dfrac{3}{4} \div \dfrac{2}{3}$

⑤ $\dfrac{5}{9} \div \dfrac{3}{5}$

⑥ $\dfrac{3}{5} \div \dfrac{7}{6}$

⑦ $\dfrac{5}{6} \div \dfrac{2}{9}$

⑧ $\dfrac{7}{4} \div \dfrac{5}{2}$

⑨ $\dfrac{3}{2} \div \dfrac{9}{5}$

⑩ $\dfrac{3}{7} \div \dfrac{9}{14}$

⑪ $\dfrac{10}{3} \div \dfrac{5}{12}$

⑫ $\dfrac{12}{25} \div \dfrac{8}{15}$

2 $\dfrac{3}{7}$dL で $\dfrac{1}{3}$m² のかべをぬれるペンキがあります。このペンキ 1dL では、かべは何m² ぬれるでしょうか。　　　1つ7〔14点〕

【式】

答え（　　　　　　　　）

3 水が $\dfrac{77}{3}$ L 入る空のドラムかんに、毎分 $\dfrac{22}{9}$ L ずつ水を入れ ると、何分でいっぱいになるでしょうか。　　　1つ7〔14点〕

【式】

答え（　　　　　　　　）

答えは
67ページ

5 分数のわり算

（分数のわり算 ②）

／100点

1 □にあてはまる数を書きましょう。 1つ7〔14点〕

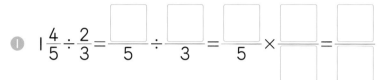

① $1\dfrac{4}{5} \div \dfrac{2}{3} = \dfrac{\boxed{}}{5} \div \dfrac{\boxed{}}{3} = \dfrac{\boxed{}}{5} \times \dfrac{\boxed{}}{\boxed{}} = \dfrac{\boxed{}}{\boxed{}}$

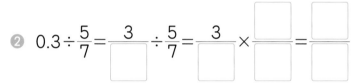

② $0.3 \div \dfrac{5}{7} = \dfrac{3}{\boxed{}} \div \dfrac{5}{7} = \dfrac{3}{\boxed{}} \times \dfrac{\boxed{}}{\boxed{}} = \dfrac{\boxed{}}{\boxed{}}$

2 計算をしましょう。 1つ7〔70点〕

① $6 \div \dfrac{4}{5}$

② $9 \div 1\dfrac{1}{2}$

③ $2\dfrac{2}{7} \div \dfrac{8}{3}$

④ $1\dfrac{1}{4} \div 1\dfrac{7}{8}$

⑤ $0.3 \div \dfrac{3}{7}$

⑥ $2.4 \div \dfrac{3}{5}$

⑦ $\dfrac{4}{3} \times \dfrac{1}{6} \div \dfrac{7}{9}$

⑧ $\dfrac{4}{9} \div \dfrac{6}{5} \div \dfrac{2}{3}$

⑨ $0.4 \div 6 \times \dfrac{3}{8}$

⑩ $1.8 \div 0.45 \div 4$

3 縦の長さが $\dfrac{7}{6}$ m で、面積が $2\dfrac{4}{5}$ m² の長方形の形をした学級園があります。この学級園の横の長さは何 m でしょうか。 1つ8〔16点〕

【式】

答え（　　　　　　　　　）

5　分数のわり算
（分数のわり算 ②）

1 計算をしましょう。　　　　　　　　　　　　　　1つ6(72点)

① $8 \div \dfrac{12}{5}$

② $12 \div \dfrac{6}{7}$

③ $3\dfrac{1}{9} \div \dfrac{7}{4}$

④ $1\dfrac{7}{18} \div \dfrac{5}{24}$

⑤ $2\dfrac{1}{9} \div 1\dfrac{7}{12}$

⑥ $0.2 \div \dfrac{11}{15}$

⑦ $3.6 \div \dfrac{9}{5}$

⑧ $0.35 \div \dfrac{7}{5}$

⑨ $\dfrac{9}{14} \div \dfrac{3}{7} \times \dfrac{3}{8}$

⑩ $\dfrac{3}{10} \times 5 \div \dfrac{5}{8}$

⑪ $\dfrac{3}{7} \div 3 \times 0.5$

⑫ $18 \div \dfrac{5}{9} \div 0.27$

2 長さが $\dfrac{14}{5}$ m のリボンがあります。このリボンを 0.4 m ずつ
に切ると、何本のリボンができるでしょうか。　　　1つ7(14点)

【式】

答え（　　　　　　　　）

3 底辺の長さが 3cm で、面積が $\dfrac{63}{20}$ cm² の三角形があります。

この三角形の高さは何cm でしょうか。　　　1つ7(14点)

【式】

答え（　　　　　　　　）

答えは
68ページ

月　　日

5　分数のわり算
（分数のわり算 ③）

／100点

1 a は、0 でない同じ数を表しています。積や商が a より大きくなる式はどれでしょうか。〔15点〕

㋐　$a×\dfrac{2}{3}$　㋑　$a÷\dfrac{5}{4}$　㋒　$a×\dfrac{5}{4}$　㋓　$a÷\dfrac{5}{6}$　㋔　$a×\dfrac{5}{6}$

（　　　　　）

2 □にあてはまる数を書きましょう。　1つ15〔45点〕

❶ $\dfrac{3}{2}$km の □ 倍は、$\dfrac{12}{5}$km です。

❷ □ L は、15L の $\dfrac{2}{5}$ 倍です。

❸ $\dfrac{15}{4}$m² は、□ m² の $\dfrac{3}{2}$ 倍です。

3 長さ $\dfrac{2}{3}$ m の白いリボンと、長さ $\dfrac{1}{6}$ m の赤いリボンがあります。白いリボンの長さは赤いリボンの長さの何倍でしょうか。1つ10〔20点〕

【式】

答え（　　　　　）

4 ある組で、習い事をしている人数は 20 人です。これが組全体の人数の $\dfrac{5}{9}$ にあたるとき、組全体の人数は何人でしょうか。求める数を x として式に表し、答えを求めましょう。　1つ10〔20点〕

【式】

答え（　　　　　）

5 分数のわり算
（分数のわり算 ③）

／100点

1 aは、0でない同じ数を表しています。積や商がaより小さくなる式はどれでしょうか。 〔15点〕

⑦ $a \div \dfrac{2}{5}$　　⑦ $a \times \dfrac{3}{4}$　　⑦ $a \div \dfrac{4}{9}$　　⑨ $a \times \dfrac{8}{5}$　　⑦ $a \div \dfrac{7}{6}$

（　　　　　）

2 □にあてはまる数を書きましょう。 1つ15〔45点〕

❶ $\dfrac{8}{3}$kg の □ 倍は、4kg です。

❷ □ m² は、$\dfrac{10}{9}$m² の $\dfrac{15}{8}$ 倍です。

❸ □ cm の $\dfrac{6}{7}$ 倍は、$\dfrac{3}{4}$cm です。

3 みさきさんの持っているお金は、姉の持っているお金の $\dfrac{4}{7}$ にあたります。みさきさんの持っているお金が 1400 円のとき、姉の持っているお金はいくらでしょうか。 1つ10〔20点〕

【式】

答え（　　　　　）

4 まりなさんは本を 84 ページ読みました。これがこの本全体の $\dfrac{3}{5}$ にあたるとき、この本は何ページあるでしょうか。求める数を x として式に表し、答えを求めましょう。 1つ10〔20点〕

【式】

答え（　　　　　）

答えは
68ページ

月　　日

きほん
13

6　データの見方
（データの見方 ①）

／100点

1️⃣ 下の図は、6年1組と2組のそれぞれ18人の50m走の記録を数直線を使って表したものです。

1つ10〔100点〕

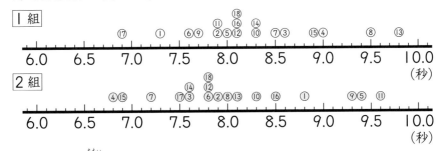

❶　最大の値が大きいのは、どちらの組でしょうか。（　　　　）

❷　最小の値が小さいのは、どちらの組でしょうか。（　　　　）

❸　1組と2組のそれぞれで、いちばん速い記録といちばんおそい記録の差はどれだけあるでしょうか。

1組（　　　　）　2組（　　　　）

❹　それぞれの組の平均値を求めましょう。

1組（　　　　）　2組（　　　　）

❺　それぞれの組の最ひん値を求めましょう。

1組（　　　　）　2組（　　　　）

❻　それぞれの組の中央値を求めましょう。

1組（　　　　）　2組（　　　　）

答えは
68ページ

6 データの見方
(データの見方 ①)

1 下の表は、6年1組と2組の児童が1か月間に読んだ本の冊数（さっ）を調べたものです。

1つ20〔40点〕

読んだ冊数調べ（1組）

番号	冊数（冊）	番号	冊数（冊）
①	8	⑫	2
②	5	⑬	3
③	6	⑭	7
④	3	⑮	2
⑤	10	⑯	8
⑥	5	⑰	6
⑦	9	⑱	10
⑧	3	⑲	1
⑨	5	⑳	4
⑩	2	㉑	4
⑪	4	㉒	3

読んだ冊数調べ（2組）

番号	冊数（冊）	番号	冊数（冊）
①	3	⑫	8
②	8	⑬	11
③	0	⑭	0
④	4	⑮	12
⑤	1	⑯	4
⑥	1	⑰	12
⑦	6	⑱	5
⑧	9	⑲	11
⑨	2	⑳	8
⑩	3	㉑	10
⑪	8		

それぞれの組のデータをドットプロットに表しましょう。

1組

2組

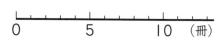

2 **1** のデータについて、右の表を完成させましょう。

1つ10〔60点〕

	1組	2組
平均値（冊）		
最ひん値（冊）		
中央値（冊）		

答えは
68ページ

月　　日

10分

6　データの見方
（データの見方②）

／100点

1 下の表は、6年1組の16人の反復横とびの結果です。 1つ10〔100点〕

反復横とびの記録（回）

40	27	42	50	33	48	37	45
56	46	38	46	39	49	29	47

❶ 上のデータを、右の度数分布表に整理しましょう。

❷ 最も度数が多い階級は、何回以上何回未満でしょうか。また、その度数を答えましょう。

反復横とびの記録

回数（回）	人数（人）
20 以上 〜 30 未満	
30 〜 40	
40 〜 50	
50 〜 60	
合　計	16

階級（　　　　　　　　　）

度数（　　　　　　　　　）

❸ 回数が多いほうから数えて4番め、11番めの人は、それぞれどの階級に入っているでしょうか。

4番め（　　　　　　　　　）

11番め（　　　　　　　　　）

❹ 40回以上の人は何人いるでしょうか。また、それは、全体の人数の何％でしょうか。

人数（　　　　　　　）　割合（　　　　　　　）

月　　日

6　データの見方
（データの見方 ②）

／100点

1 次のデータは、１組と２組の算数のテストの結果です。

１組	27　34　35　40　35　43　36　22　32　36　40　30　31 23　40　27　35　48　24　35　45　48　35　18　17　（点）

２組	35　49　19　34　20　34　33　19　22　16　34　32　38 20　25　44　28　33　49　45　47　32　37　45　　　（点）

右の度数分布表を完成させましょう。

1つ2〔28点〕

テストの得点（１組）

点数（点）	人数（人）
15^{以上}〜20^{未満}	
20　〜25	
25　〜30	
30　〜35	
35　〜40	
40　〜45	
45　〜50	
合　計	25

テストの得点（２組）

点数（点）	人数（人）
15^{以上}〜20^{未満}	
20　〜25	
25　〜30	
30　〜35	
35　〜40	
40　〜45	
45　〜50	
合　計	24

2 **1** の度数分布表を見て答えましょう。

1つ12〔72点〕

❶　最も度数が多い階級は、何点以上何点未満でしょうか。

　　１組（　　　　　　　　　）　２組（　　　　　　　　　）

❷　それぞれの組で 40 点以上の人は何人いるでしょうか。また、それは、組全体の人数の何％でしょうか。

　　　　　　　１組　人数（　　　　　）割合（　　　　　）

　　　　　　　２組　人数（　　　　　）割合（　　　　　）

答えは
69ページ

6 データの見方
（データの見方 ③）

／100点

1 右のヒストグラムは、けんさんの班の
テストの点数を表したものです。

1つ20〔60点〕

❶ けんさんの班は全
部で何人でしょうか。
（　　　　　）

❷ 70点未満の児童は
全体の何％でしょうか。
（　　　　　）

❸ けんさんの点数は86点です。点数
が高いほうから数えて何番めから何番
めまでに入るでしょうか。
（　　　　　）

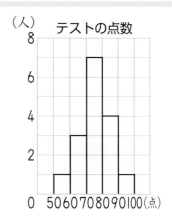

テストの点数

2 右のグラフは、ある県の
人口を、男女別、年令別に
表したものです。 1つ20〔40点〕

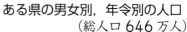

ある県の男女別、年令別の人口
（総人口 646万人）

❶ いちばん人口が多い階
級は何才以上何才未満で
しょうか。

（　　　　　）

❷ 10才以上20才未満と
0才以上10才未満では、
どちらの人数が多いでしょ
うか。

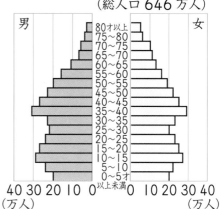

（　　　　　）

月　　日

10分

6　データの見方
（データの見方 ③）

／100点

1 次の表は、たけしさんのクラスの人の 1 日の勉強時間を調べたものです。
1つ20〔60点〕

1日の勉強時間（分）

31	36	20	12	35	55	27	27
15	22	35	41	38	26	47	58
22	40	36	24	29	35	50	19

❶　上のデータを柱状グラフに表しましょう。

❷　クラスの中央値は、どの階級に入るでしょうか。

（　　　　　　　　　　　）

❸　上のデータの平均値は、どの階級に入るでしょうか。

（　　　　　　　　　　　）

（人）　1 日の勉強時間

```
8
6
4
2
0
 10 20 30 40 50 60 (分)
```

2 次の表は、1 班と 2 班の人が 1 か月間に読んだ本の冊数を調べたものです。次の❶、❷の比べ方で比べたとき、冊数が多いといえるのは、どちらの班でしょうか。
1つ20〔40点〕

1 班の本の冊数（冊）

2	4	4
2	2	5

2 班の本の冊数（冊）

3	2	3
2	3	1

❶　冊数の最ひん値

（　　　　　　　　　）

❷　冊数の中央値

（　　　　　　　　　）

答えは
69ページ

7　円の面積

／100点

1 次のような円の面積を求めましょう。　　1つ10〔40点〕

❶
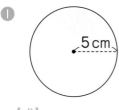
5 cm

【式】

答え（　　　　　）

❷

8 m

【式】

答え（　　　　　）

2 次のような図形の面積を求めましょう。　　1つ10〔40点〕

❶
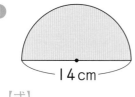
14 cm

【式】

答え（　　　　　）

❷

6 cm

【式】

答え（　　　　　）

3 右の図で、色がついた部分の面積を求めましょう。　　1つ10〔20点〕

【式】

答え（　　　　　）

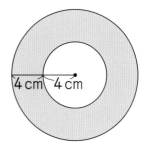
4 cm　4 cm

かくにん **16**

7　円の面積

10分

／100点

1 次のような円の面積を求めましょう。　　　　1つ5〔20点〕

❶　直径 20cm の円

【式】

答え（　　　　　　　）

❷　円周 12.56cm の円

【式】

答え（　　　　　　　）

2 次の図で、色がついた部分の面積を求めましょう。　1つ10〔80点〕

❶

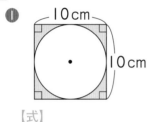

【式】

答え（　　　　　　　）

❷

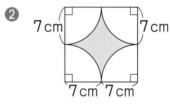

【式】

答え（　　　　　　　）

❸

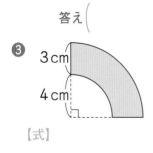

【式】

答え（　　　　　　　）

❹

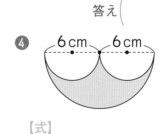

【式】

答え（　　　　　　　）

答えは
69ページ

8　比例と反比例
（比例と反比例 ①）

／100点

1 同じメダルが何個かあって、メダルの個数を変えていったときのメダルの個数 x 個とメダル全体の重さ $y\,g$ は、下の表のようになり、比例の関係になります。

1つ8〔48点〕

個数 x（個）	2	3	4	5	6	⑦	8	㋑
重さ y（g）	15	22.5	㋐	㋑	45	52.5	60	67.5

❶ このメダル1個の重さは何gでしょうか。

（　　　　　）

❷ x と y の関係を式に表しましょう。（　　　　　）

❸ ㋐、㋑、㋒、㋓にあてはまる数を求めましょう。

㋐（　　　）　㋑（　　　）　㋒（　　　）　㋓（　　　）

2 下の表で、y が x に比例しているものには○、比例していないものには×をつけましょう。

1つ13〔52点〕

❶

x（分）	1	2	3	4	5
y（L）	3	6	9	12	15

（　　　）

❷

x（cm）	2	4	6	8	10
y（cm）	10	15	20	25	30

（　　　）

❸

x（cm）	4	5	8	13	20
y（g）	20	25	40	65	100

（　　　）

❹

x（分）	0.5	1	1.5	2	2.5
y（cm）	1	2	3	4	5

（　　　）

月　　日

8　比例と反比例
（比例と反比例 ①）

／100点

1 下の表は、直方体の形をした水そうに入れた水の量 x L と水の深さ y cm の関係を示したものです。

1つ10〔60点〕

水の量 x（L）	2	3	5	6	9	⑦	12
水の深さ y（cm）	8	12	20	⑦	36	40	48

① 水の深さは水の量に比例しているでしょうか。

（　　　　　　　　）

② x と y の関係を式に表しましょう。（　　　　　　　　）

③ ⑦、①にあてはまる数を求めましょう。

⑦（　　　　　）　①（　　　　　）

④ 入っている水の量が 16L のとき、水の深さは何cm でしょうか。

【式】

答え（　　　　　　　）

2 次の 2 つの数量が比例しているものには○、比例していないものには×をつけましょう。

1つ10〔40点〕

① 正方形の 1 辺の長さと面積

（　　　　）

② 同じ種類の色紙の枚数とその重さ

（　　　　）

③ ひし形の 1 辺の長さと周りの長さ

（　　　　）

④ 円の半径と面積

（　　　　）

答えは
69ページ

月　　　日

10分

8　比例と反比例
（比例と反比例 ②）

／100点

1 水道のじゃ口から 1 分間に 2L ずつ水が出ています。下の表は、時間 x 分と水の量 y L の関係を表したものです。

1つ8〔40点〕

時間x（分）	2	4	6
水の量 y（L）	㋐	㋑	㋒

❶　㋐、㋑、㋒にあてはまる数を求めましょう。

㋐（　　　）　㋑（　　　）　㋒（　　　）

❷　x と y の関係をグラフに表しましょう。

❸　8 分間に出る水の量は何 L でしょうか。

（　　　　　）

2 下のグラフは、A さんと B さんが同時に出発して、同じコースを自転車で走った時間 x 分と道のり y m の関係を表したものです。

1つ20〔60点〕

❶　B さんが 4 分間に走った道のりは何 m でしょうか。

（　　　　　）

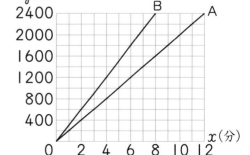

❷　A さんが 1600m 走るのにかかった時間は何分でしょうか。

（　　　　　）

❸　出発してから 6 分後に、A さんと B さんは何 m はなれているでしょうか。

（　　　　　）

8　比例と反比例
（比例と反比例 ②）

/100点

1 右のグラフは、列車の走った時間 x 分と進む道のり y km の関係を表しています。　1つ10〔30点〕

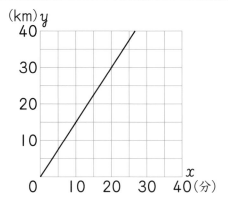

❶ 10分間で何km走るでしょうか。（　　　　　）

❷ 30km走るのに、何分かかるでしょうか。（　　　　　）

❸ このまま同じ速さで走ったとすると、40分間で何km走るでしょうか。（　　　　　）

2 右のグラフは、自動車3台の使ったガソリンと走った道のりの関係を表しています。

1つ10〔70点〕

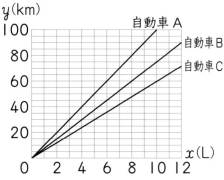

❶ 1Lのガソリンで走る道のりがいちばん長い自動車はどれでしょうか。（　　　　　）

❷ 自動車A、B、Cが60km走るのに必要なガソリンは、何Lでしょうか。　A（　　　　）　B（　　　　）　C（　　　　）

❸ 自動車A、B、Cが10Lのガソリンで走る道のりは、何kmでしょうか。　A（　　　　）　B（　　　　）　C（　　　　）

答えは70ページ

8　比例と反比例
（比例と反比例 ③）

／100点

1 下の表は、あるきまった面積の長方形の縦の長さと横の長さの変化をまとめたものです。

1つ13〔78点〕

縦 x(cm)	1	2	3	4	5	6	10	①
横 y(cm)	60	30	20	⑦	12	10	6	5

❶　縦の長さと横の長さは反比例しているでしょうか。

（　　　　　　　　）

❷　この長方形の面積は何 cm² でしょうか。

（　　　　　　　　）

❸　x と y の関係を式に表しましょう。（　　　　　　　　）

❹　⑦、①にあてはまる数を求めましょう。

⑦（　　　　　　　）　①（　　　　　　　）

❺　x の値が 1.5 のときの y の値を求めましょう。

（　　　　　　　　）

2 y が x に反比例しているものには○、反比例していないものには×をつけましょう。

1つ11〔22点〕

❶　面積が 30 cm² の三角形の底辺の長さ x cm と高さ y cm

（　　　　　　　　）

❷　コイン 1 枚の重さ x g とそれと同じ種類のコイン 40 枚の重さ y g

（　　　　　　　　）

8　比例と反比例
（比例と反比例 ③）

1 y が x に反比例しているものには○、反比例していないものには×をつけましょう。

1つ10〔40点〕

❶　時速 4km で歩く人の歩く時間 x 時間と進む
道のり y km　　　　　　　　　　　　　　　　(　　　)

❷　長さ 10cm のろうそくを燃やしたときの
燃やした長さ x cm と残りの長さ y cm　　　(　　　)

❸　120km の道のりを自動車で行くときの時速
x km とかかる時間 y 時間　　　　　　　　(　　　)

❹　面積が 30cm² の平行四辺形の底辺の長さ
x cm と高さ y cm　　　　　　　　　　　　(　　　)

2 直方体の形をした水そうに水を入れます。下の表は、1分間に入れる水の量 x L と水そうがいっぱいになるのにかかる時間 y 分の関係を表したものです。

1つ10〔60点〕

1分間に入れる水の量 x（L）	2	4	8	10	㋤
かかる時間　　　　y（分）	㋐	㋑	㋒	3.2	2

❶　㋐、㋑、㋒、㋤にあてはまる数を求めましょう。

㋐(　　　　)　㋑(　　　　)　㋒(　　　　)　㋤(　　　　)

❷　水そうには全部で何Lの水が入るでしょうか。

(　　　　　　　)

❸　x と y の関係を式に表しましょう。

(　　　　　　　)

答えは
70ページ

9　角柱と円柱の体積

／100点

1 次のような角柱や円柱の体積を求めましょう。

1つ10〔80点〕

❶ 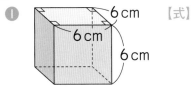　【式】

答え（　　　　　）

❷ 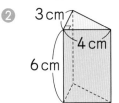　【式】

答え（　　　　　）

❸ 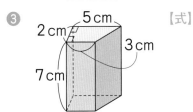　【式】

答え（　　　　　）

❹ 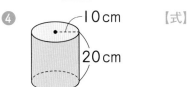　【式】

答え（　　　　　）

2 次のような展開図を組み立ててできる立体の体積を求めましょう。

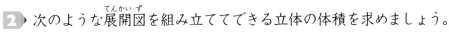

【式】　　　　　　　　　1つ10〔20点〕

答え（　　　　　）

答えは
70ページ

9　角柱と円柱の体積

／100点

1 次のような角柱や円柱の体積を求めましょう。　1つ10〔80点〕

❶
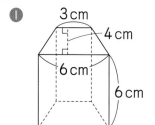
3cm
4cm
6cm
6cm

【式】

答え（　　　　　　　）

❷
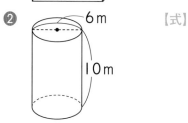
6m
10m

【式】

答え（　　　　　　　）

❸
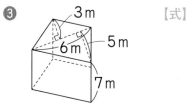
3m
6m
5m
7m

【式】

答え（　　　　　　　）

❹
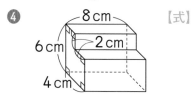
8cm
2cm
6cm
4cm

【式】

答え（　　　　　　　）

2 次のような展開図を組み立ててできる立体の体積を求めましょう。

20cm
10cm

【式】　　　　　　　　　　　1つ10〔20点〕

答え（　　　　　　　）

答えは
70ページ

きほん **21**

10 比
(比 ①)

／100点

1 ▶ 次の比を書きましょう。　　　　　　　　　　　　　1つ6〔12点〕

❶ 2 と 3 の比 （　　　　　） ❷ 7m と 5m の比 （　　　　　）

2 ▶ 次の比の値（あたい）を求めましょう。　　　　　　　　1つ7〔28点〕

❶ 3：4 （　　　　　） ❷ 6：9 （　　　　　）

❸ 30：45 （　　　　　） ❹ 5：15 （　　　　　）

3 ▶ 比の値を使って、等しい比の組み合わせを3つ見つけましょう。

1つ10〔30点〕

㋐ 20：12　　　㋑ 8：4　　　㋒ 12：6

㋓ 18：21　　　㋔ 25：15　　　㋕ 12：14

（　　と　　）（　　と　　）（　　と　　）

4 ▶ 右の図のような、A、B、C の 3 本のリボンがあります。　1つ10〔30点〕

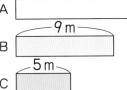

❶ A の長さと B の長さの比を求めましょう。

（　　　　　）

❷ B の長さと C の長さの比を求めましょう。

（　　　　　）

❸ ❶の比の値と❷の比の値は、どちらが大きいでしょうか。

（　　　　　）

月　　　日

10分

10　比
（比 ①）

／100点

1 次の比の値を求めましょう。　　　　　　　　　　1つ6〔24点〕

❶ 6：2　　　　（　　　　）　　❷ 4：14　　　　（　　　　）

❸ 18：20　　　（　　　　）　　❹ 30：3　　　　（　　　　）

2 けいたさんの家は、駅と図書館の間にあって、駅までは歩いて13分、図書館までは歩いて20分かかります。　　　1つ14〔28点〕

❶　駅まで歩いてかかる時間と図書館まで歩いてかかる時間の比を求めましょう。　　　　　　　　　　　　　　　　（　　　　　　）

❷　❶の比の値を求めましょう。　　　　　　　（　　　　　　）

3 なつみさんは、21mのリボンを7m使いました。使った長さと残っている長さの比の値を求めましょう。　　　　〔16点〕

（　　　　　　）

4 次の比について、4：3と等しい比には○、等しくない比には×をつけましょう。　　　　　　　　　　　　　　1つ8〔32点〕

❶ 9：6　　　　（　　　　）　　❷ 8：7　　　　（　　　　）

❸ 12：8　　　（　　　　）　　❹ 20：15　　　（　　　　）

答えは
70ページ

月　　　日

10分

10　比
(比 ②)

／100点

1 □にあてはまる数を書きましょう。　　　　　　　　1つ5〔30点〕

① $4 : 6 = \boxed{} : 3$　　　　② $3 : 9 = \boxed{} : 3$

③ $1.2 : 2 = \boxed{} : 10$　　　④ $0.6 : 1.4 = 3 : \boxed{}$

⑤ $\dfrac{4}{7} : \dfrac{2}{7} = \boxed{} : 1$　　　⑥ $\dfrac{3}{4} : \dfrac{1}{6} = 9 : \boxed{}$

2 次の比を簡単にしましょう。　　　　　　　　　　1つ5〔30点〕

① $20 : 5$ （　　　　　）　　② $40 : 26$ （　　　　　）

③ $24 : 16$ （　　　　　）　　④ $3.6 : 2.7$ （　　　　　）

⑤ $1.2 : 0.5$ （　　　　　）　　⑥ $\dfrac{4}{5} : \dfrac{3}{10}$ （　　　　　）

3 兄と弟のおこづかいの比を $5 : 3$ にします。兄のおこづかいを 2000 円にすると、弟のおこづかいはいくらになるでしょうか。

【式】　　　　　　　　　　　　　　　　　　　1つ10〔20点〕

答え（　　　　　　　）

4 赤と緑の色紙が合わせて 36 枚あります。赤と緑の色紙の枚数の比は $4 : 5$ です。緑の色紙の枚数を求めましょう。

【式】　　　　　　　　　　　　　　　　　　　1つ10〔20点〕

答え（　　　　　　　）

答えは
70ページ

かくにん
22

10　比

（比 ②）

／100点

10分

1 次の比を簡単にしましょう。　　　　　　　　　　　　1つ6(36点)

① 21 : 7 　　　（　　　　　） 　　② 18 : 16 　　（　　　　　）

③ 2.4 : 0.8 　　（　　　　　） 　　④ 4.9 : 2.1 　　（　　　　　）

⑤ $\dfrac{1}{3} : \dfrac{1}{4}$ 　　（　　　　　） 　　⑥ $\dfrac{3}{5} : \dfrac{7}{6}$ 　　（　　　　　）

2 x にあてはまる数を求めましょう。　　　　　　　　1つ6(24点)

① 5 : 3 = 20 : x 　（　　　　　） 　② 15 : 25 = x : 5 　（　　　　　）

③ x : 8 = 9 : 24 　（　　　　　） 　④ 2.5 : 3 = 5 : x 　（　　　　　）

3 砂糖と水の量の比が 3 : 10 になるようにして、砂糖水を作ります。砂糖の量を 45g にするとき、水は何g 入れればよいでしょうか。　　　　　　　　　　　　　　　　　　　　　1つ10(20点)

【式】

答え（　　　　　　　　　）

4 3m のリボンを、えみさんと妹のリボンの長さの比が 3 : 2 になるように分けます。えみさんのリボンの長さは何cm でしょうか。　　　　　　　　　　　　　　　　　　　　　　1つ10(20点)

【式】

答え（　　　　　　　　　）

答えは
70ページ

月　　日

10分

11　拡大図と縮図
（拡大図と縮図 ①）

／100点

1 下の図で、⑦の四角形の拡大図、縮図はどれでしょうか。

1つ20〔40点〕

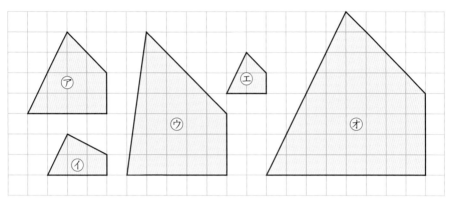

拡大図（　　　　　　　）　　縮図（　　　　　　　）

2 右の三角形 ABC の 2 倍の拡大図、$\frac{1}{2}$ の縮図をかきましょう。　1つ30〔60点〕

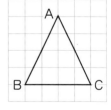

● 2 倍の拡大図

❷ $\frac{1}{2}$ の縮図

ポイント

✐ 対応する辺の長さの比をそれぞれ等しくなるようにします。

11　拡大図と縮図
（拡大図と縮図 ①）

／100点

1 右の図の三角形 DBE は、三角形
ABC の 3 倍の拡大図です。　1つ20〔60点〕

❶　辺 DB の長さは何cm でしょうか。

（　　　　　　　）

❷　辺 DE の長さは何cm でしょうか。

（　　　　　　　）

❸　角 D の大きさは何度でしょうか。

（　　　　　　　）

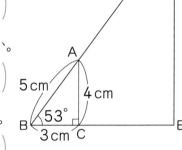

2 下の四角形 ABCD の 2 倍の拡大図と、$\frac{1}{2}$ の縮図をかきましょ
う。

1つ20〔40点〕

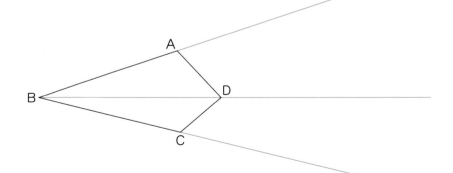

答えは
71ページ

11 拡大図と縮図
（拡大図と縮図 ②）

／100点

1 次の縮尺を分数の形と比の形で表しましょう。　1つ10〔40点〕

① 100m を 1cm に縮めてかいた地図

分数（　　　　　　）　比（　　　　　　）

② 4km を 2cm に縮めてかいた地図

分数（　　　　　　）　比（　　　　　　）

2 実際の長さが 6km あるところは、次の縮尺の地図の上では、何cm になるでしょうか。　1つ15〔30点〕

① $\dfrac{1}{30000}$

（　　　　　　）

ポイント
✎ 1km＝1000m
　　　＝100000cm

② 1：200000

（　　　　　　）

3 縮尺 1：2000 の地図上に台形の土地がかいてあります。その長さをはかったら、右の図のようになりました。　1つ10〔30点〕

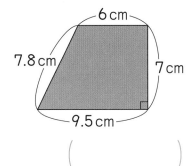

① この土地の周りの長さは、実際には何m でしょうか。

（　　　　　　）

② この土地の面積は、実際には何m² でしょうか。

（　　　　　　）

③ 実際の周りの長さは、地図上の周りの長さの何倍でしょうか。

（　　　　　　）

11　拡大図と縮図
（拡大図と縮図 ②）

/100点

1 次の縮尺を分数の形と比の形で表しましょう。　1つ10〔60点〕

❶ 20km を 5cm に縮めてかいた地図

分数（　　　　　　　）　比（　　　　　　　）

❷ 10km を 4cm に縮めてかいた地図

分数（　　　　　　　）　比（　　　　　　　）

❸ 50km を 8cm に縮めてかいた地図

分数（　　　　　　　）　比（　　　　　　　）

2 縮尺が 1：50000 の地図の上で長さをはかると、次のようになりました。実際の長さは何km でしょうか。　1つ10〔20点〕

❶ 3cm （　　　　　　　）

❷ 0.4cm （　　　　　　　）

3 下の図のような建物があります。この建物の高さは実際にはおよそ何m でしょうか。縮図をかいて整数で求めましょう。〔20点〕

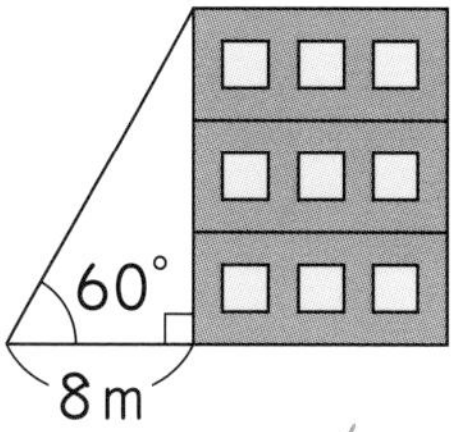

60°

8m

（　　　　　　　）

答えは71ページ

月　　日

10分

およその面積と体積

/100点

1 右の図のような形をした島がありま
す。この島の面積はおよそ何km² で
しょうか。この島の形を台形とみて求
めましょう。　　　1つ15〔30点〕

【式】

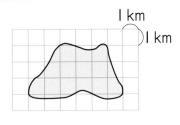

1 km
1 km

答え（　　　　　　　　）

2 右の図は、北海道のおよその形を表
したものです。　　　1つ10〔30点〕

❶　北海道はおよそどんな形とみるこ
とができるでしょうか。

（　　　　　　　　）

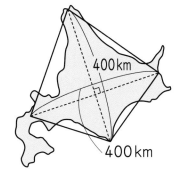

400km
400km

❷　北海道のおよその面積を求めまし
ょう。

【式】

答え（　　　　　　　　）

3 右の図のような時計があります。この時
計を直方体とみて、およその体積を求めま
しょう。　　　1つ20〔40点〕

【式】

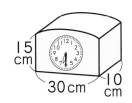

15
cm
30 cm
10
cm

答え（　　　　　　　　）

月　　日　　10分

およその面積と体積

/100点

1 右の図のような形をした池があります。

1つ10〔40点〕

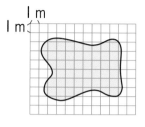

❶　この池の形を長方形とみて、およその
面積を求めましょう。

【式】

答え（　　　　　　　　　）

❷　池の深さは、どこも 1.5m あります。池に入る水のおよそ
の体積を求めましょう。

【式】

答え（　　　　　　　　　）

2 右のような形をした水とうがあります。この水
とうに入る水の体積はおよそ何cm³ でしょうか。

【式】　　　　　　　　　　　　　　　　1つ15〔30点〕

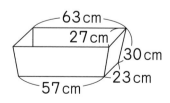

3cm

20cm

答え（　　　　　　　　　）

3 右のようなプランターに土を入れた
いと思います。このプランターを直方
体とみて、入る土のおよその体積を求
めましょう。　　　　　1つ15〔30点〕

63cm
27cm
30cm
23cm
57cm

【式】

答え（　　　　　　　　　）

答えは
71ページ

月　　　日

10分

12　並べ方と組み合わせ
（並べ方と組み合わせ①）

／100点

1 ▶ A、B、C の 3 人でリレーのチームをつくり、1 人 1 回ずつ
走ります。走る順番は、全部で何通りあるでしょうか。　〔20点〕

（　　　　　　　）

2 ▶ 1、3、5 の 3 枚のカードから 2 枚を使って、2 けたの整
数をつくります。　1つ10〔60点〕

● 次のとき、2 けたの整数は何通りできるでしょうか。

⑦　十の位が 1 のとき　（　　　　　　　）

④　十の位が 3 のとき　（　　　　　　　）

⑰　十の位が 5 のとき　（　　　　　　　）

❷ 2 けたの整数は、全部で何通りできるでしょうか。

（　　　　　　　）

❸ 5 の倍数は、何通りできるでしょうか。（　　　　　　　）

❹ 3 の倍数は、何通りできるでしょうか。（　　　　　　　）

3 ▶ 1 枚のコインを続けて 3 回投げます。　1つ10〔20点〕
● 表と裏の出方は、全部で何通りあるでしょうか。

（　　　　　　　）

❷ 裏が 2 回出る出方は、何通りあるでしょうか。

（　　　　　　　）

答えは
71ページ

月　　　日

12　並べ方と組み合わせ
（並べ方と組み合わせ ①）

／100点

1 A、B、C、D の 4 人が縦に 1 列に並びます。　　1つ20（40点）

❶　A が先頭にくる並び方は、何通りあるでしょうか。

（　　　　　　　）

❷　B、C、D も同じように先頭にくる並び方を考えると、全部で何通りの並び方があるでしょうか。

（　　　　　　　）

2 ⓪、①、②、③ の 4 枚のカードがあります。　　1つ12（60点）

❶　この 4 枚のカードのうち、2 枚を使って 2 けたの整数をつくると、整数は何通りできるでしょうか。

（　　　　　　　）

❷　この 4 枚のカードのうち、3 枚を使って 3 けたの整数をつくると、整数は何通りできるでしょうか。

（　　　　　　　）

❸　❷でできた 3 けたの整数のうち、奇数は何通りできるでしょうか。

（　　　　　　　）

❹　この 4 枚のカードを全部使って 4 けたの整数をつくると、整数は何通りできるでしょうか。

（　　　　　　　）

❺　❹でできた 4 けたの整数のうち、偶数は何通りできるでしょうか。

（　　　　　　　）

答えは
71ページ

月　　　日

きほん
27

⏱ 10分

12　並べ方と組み合わせ
（並べ方と組み合わせ ②）

／100点

1 ▶ A、B、C、D の 4 つのチームで、テニスの試合をします。ど のチームも、ちがったチームと 1 回ずつ試合をするとき、試合 の組み合わせは全部で何通りあるでしょうか。　〔20点〕

（　　　　　　）

2 ▶ 赤、青、黄、緑、黒の 5 つのボールがあります。このうち 2 つを取るとき、取り方は全部で何通りあるでしょうか。　〔20点〕

（　　　　　　）

3 ▶ A 市から B 町を通って C 市まで行く のに、右のような乗り物があります。 下の表はそれぞれの乗り物のかかる時 間と費用です。

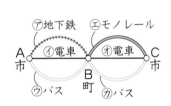

1つ20〔60点〕

A 市から B 町	㋐〔20分 140円〕	㋑〔15分 180円〕	㋒〔25分 160円〕
B 町から C 市	㋓〔18分 180円〕	㋔〔15分 120円〕	㋕〔20分 140円〕

❶　A 市から B 町を通って C 市へ行くのに、何通りの行き方があ るでしょうか。

（　　　　　　）

❷　費用がいちばん安いのは、どの行き方でしょうか。

（　　　　　　）

❸　いちばん速く行けるのは、どの行き方でしょうか。

（　　　　　　）

答えは
71ページ

12　並べ方と組み合わせ
（並べ方と組み合わせ ②）

／100点

1 バナナ、メロン、りんご、もものうち3つをかごに入れたいと思います。全部で何通りの入れ方があるでしょうか。〔20点〕

（　　　　　　　）

2 はるなさんの班は5人います。このうち、3人を選んで図書係を決めることになりました。選び方は何通りあるでしょうか。〔20点〕

（　　　　　　　）

3 次のぶどう、なし、メロンの中からそれぞれ1つずつ選んで組み合わせて買います。

1つ15〔60点〕

ぶどう	㋐	350 円	㋑	400 円	㋒	450 円
な し	㋓	500 円	㋔	550 円	㋕	650 円
メロン	㋖	700 円	㋗	800 円	㋘	900 円

❶　組み合わせは何通りあるでしょうか。

（　　　　　　　）

❷　代金がいちばん高いのは、どの組み合わせでしょうか。

（　　　　　　　）

❸　代金が1600円になる組み合わせは、何通りあるでしょうか。

（　　　　　　　）

❹　代金が1700円になる組み合わせは、何通りあるでしょうか。

（　　　　　　　）

答えは
71ページ

算数のまとめ

力だめし ①　数のしくみ　計算
計算のきまりと式

10分

／100点

1 次の数を書きましょう。　　　　　　　　　　　　　　　1つ5〔20点〕

① 5140万の 100倍、$\frac{1}{100}$ の数

（　　　　　　　　）、（　　　　　　　　）

② 2.73の 10倍、$\frac{1}{10}$ の数　　（　　　　　　　）、（　　　　　　　）

2 四捨五入して、（　）の中の位までの概数で表しましょう。

1つ5〔10点〕

① 89716　（千の位）　　　　　　　　　　　（　　　　　　　　）

② 7472673　（十万の位）　　　　　　　　（　　　　　　　　）

3 計算をしましょう。　　　　　　　　　　　　　　　　1つ5〔20点〕

① 5.27＋3.78　　　　　② 12.4－9.36

③ 0.86×14　　　　　　④ 1.92÷0.25

4 商は四捨五入して、上から 2けたの概数で求めましょう。

1つ5〔10点〕

① 2.5÷0.6　　　　　　　② 10.8÷0.23

5 計算をしましょう。　　　　　　　　　　　　　　　　1つ5〔40点〕

① $\frac{2}{3}+\frac{2}{9}$　　　② $2\frac{1}{4}-\frac{5}{6}$　　　③ $\frac{4}{5}-\frac{1}{10}+\frac{6}{15}$

④ $\frac{9}{5}\times\frac{4}{21}$　　　⑤ $\frac{3}{8}\times1\frac{5}{7}$　　　⑥ $\frac{6}{7}\div\frac{8}{9}$

⑦ $\frac{5}{7}\times\frac{18}{11}\div\frac{9}{14}$　　　⑧ $\frac{7}{10}\div\frac{6}{5}\div\frac{5}{8}$

答えは
71ページ

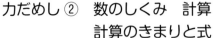

算数のまとめ

力だめし ② 数のしくみ 計算
計算のきまりと式

／100点

1 ( )の中の数の最小公倍数を求めましょう。　　　　1つ10〔20点〕

❶ （9、15）　　　　　❷ （4、6、8）

(　　　　　　)　　　　　(　　　　　　)

2 ( )の中の数の最大公約数を求めましょう。　　　　1つ5〔10点〕

❶ （24、36）　　　　　❷ （16、40、72）

(　　　　　　)　　　　　(　　　　　　)

3 次の数を小さいほうから順に並べましょう。　　　　〔10点〕

$1\frac{1}{4}$、1.15、$\frac{9}{8}$、$1\frac{1}{5}$　　　(　　　　　　)

4 分数のかけ算になおして計算しましょう。　　　　1つ8〔24点〕

❶ $0.6 \times \frac{3}{4}$　　　　❷ $\frac{9}{4} \div 0.63$　　　　❸ $\frac{2}{5} \div 0.3 \times 2.25$

5 計算をしましょう。　　　　1つ8〔16点〕

❶ $4 \times 19 \times 0.25$　　　　❷ $\left(\frac{3}{8} + \frac{5}{6}\right) \times 24$

6 1分間に$\frac{6}{7}$Lずつ水の出るホースでバケツに80秒間水を入れ、その水を4人で等分して運びます。1人が何L運ぶことになるでしょうか。　　　　1つ10〔20点〕

【式】

答え(　　　　　　)

答えは
72ページ

算数のまとめ
力だめし ③　平面図形　立体図形
　　　　　　面積、体積

/100点

1 右の正六角形について答えましょう。 1つ10〔40点〕

① あ、い、うの角度を求めましょう。

あ（　　　　　）　い（　　　　　）　う（　　　　　）

② 三角形 ADE は、三角形 ABC の何分の一の縮図でしょうか。

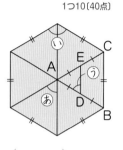

（　　　　　　）の縮図

2 右の直方体について答えましょう。 1つ10〔30点〕

① 面いと平行な面は、どの面でしょうか。

（　　　　　　　　　）

② 面かと垂直な面は、どの面でしょうか。

（　　　　　　　　　）

③ 辺 AB と平行な辺は、どの辺でしょうか。

（　　　　　　　　　）

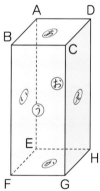

3 次のような図形の面積を求めましょう。 1つ15〔30点〕

①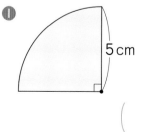

5 cm

（　　　　　　　）

②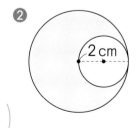

2 cm

（　　　　　　　）

算数のまとめ

力だめし ④　平面図形　立体図形　面積、体積

／100点

1 次のような図形の面積を求めましょう。

1つ14〔70点〕

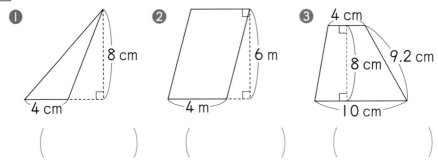

① 8 cm　4 cm

（　　　　　）

② 6 m　4 m

（　　　　　）

③ 4 cm　8 cm　9.2 cm　10 cm

（　　　　　）

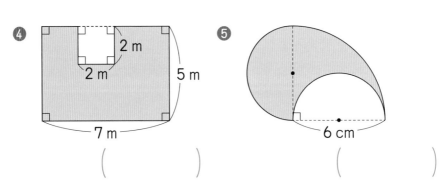

④ 2 m　2 m　5 m　7 m

（　　　　　）

⑤ 6 cm

（　　　　　）

2 次のような立体の体積を求めましょう。

1つ15〔30点〕

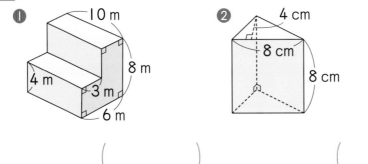

① 10 m　8 m　4 m　3 m　6 m

（　　　　　）

② 4 cm　8 cm　8 cm

（　　　　　）

答えは
72ページ

かくにん
32

算数のまとめ
力だめし ⑤　量と単位

10分

／100点

1 次の量を表すときに使う単位を書きましょう。　　1つ5〔20点〕

① ペットボトルの水の体積　② プールの面積

（　　　　　　　）　　　　　　（　　　　　　　）

③ りんご１個の重さ　　　④ 教科書の縦の長さ

（　　　　　　　）　　　　　　（　　　　　　　）

2 次の量を（　）の中の単位で表しましょう。　　1つ5〔30点〕

① 3km　　　（　　　　　m）　② 5m　　　（　　　　　mm）

③ 30000cm（　　　　　km）　④ 4ha　　（　　　　　a）

⑤ 2a　　　（　　　　　m^2）　⑥ 20000cm^2（　　　　m^2）

3 次の量を（　）の中の単位で表しましょう。　　1つ5〔50点〕

① 0.4m^3　（　　　　cm^3）　② 4dL　　（　　　　cm^3）

③ 2kL　　（　　　　m^3）　④ 300000cm^3（　　　　kL）

⑤ 200mL　（　　　　dL）　⑥ 0.2L　　（　　　　mL）

⑦ 600dL　（　　　　L）　⑧ 1.5kL　（　　　　L）

⑨ 7g　　　（　　　　mg）　⑩ 12000mg（　　　　kg）

答えは
72ページ

算数のまとめ
力だめし ⑥　比例と反比例

／100点

1 Ⅰm が 80 円のリボンがあります。リボンの長さと代金の関係について、下の表を完成させましょう。　1つ7〔35点〕

長さ(m)	1	2	3	4	5
代金(円)					

2 下の表は、y が x に反比例する関係を表したものです。x と y の関係を式に表しましょう。　〔9点〕

x	1	3	5	10
y	24	8	4.8	2.4

（　　　　　）

3 y が x に比例しているものは「比」、反比例しているものは「反」と書き、x と y の関係を式に表しましょう。　1つ7〔56点〕

① 正方形の 1 辺の長さ x cm と周りの長さ y cm
（　　）【式】（　　　　）

② 面積が 25cm² の長方形の、縦の長さ x cm と横の長さ y cm
（　　）【式】（　　　　）

③ Ⅰm の重さが 350g の針金の長さ x m と重さ y g
（　　）【式】（　　　　）

④ 80km の道のりを自動車で行くときの、自動車の時速 x km とかかる時間 y 時間
（　　）【式】（　　　　）

答えは 72ページ

算数のまとめ
力だめし ⑦ 数量の変化と関係

/100点

1 りんご50個の重さをはかったら15kgありました。りんご1個の重さは、平均何gでしょうか。 〔10点〕

(   )

2 3分間で210m歩く人がいます。 1つ10〔20点〕

❶ 歩く速さは、分速何mでしょうか。 (   )

❷ 1.4km歩くのにかかる時間は、何分でしょうか。(   )

3 次の小数で表した割合を、百分率で表しましょう。 1つ7〔28点〕

❶ 0.08　　❷ 0.2　　❸ 1.03　　❹ 1.4

(   ) (   ) (   ) (   )

4 □にあてはまる数を書きましょう。 1つ7〔28点〕

❶ 200人の4%は [   ] 人です。

❷ 150Lは600Lの [   ] %です。

❸ [   ] gの120%は480gです。

❹ 1800円の15%引きの値段は [   ] 円です。

5 xにあてはまる数を求めましょう。 1つ7〔14点〕

❶ $7:28=x:4$ (   )　　❷ $25:x=5:6$ (   )

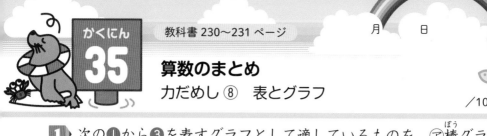

算数のまとめ
力だめし ⑧　表とグラフ

／100点

1 次の❶から❸を表すグラフとして適しているものを、㋐棒グラフ、㋑折れ線グラフ、㋒帯グラフ、㋓円グラフ、㋔柱状グラフの中からすべて選びましょう。

1つ12〔36点〕

❶　ある国の年令別人口の散らばりの様子　　　（　　　　　）

❷　ある県の月ごとの平均気温の変化の様子　　　（　　　　　）

❸　ある学校の学年別の人数の割合　　　（　　　　　）

2 下の表は、ゆうとさんのクラスの 10 人の 50m 走の記録です。

1つ13〔52点〕

番号	①	②	③	④	⑤	⑥	⑦	⑧	⑨	⑩
時間(秒)	8.2	7.9	8.4	7.8	7.6	7.6	8.6	8.4	8.4	8.1

❶　上のデータを、ドットプロットに表しましょう。

```
  7.5        8.0        8.5 (秒)
```

❷　平均値、最ひん値、中央値を求めましょう。

平均値（　　　　　）　最ひん値（　　　　　）　中央値（　　　　　）

3 右の表は、ゆみさんのクラスで、犬やねこを飼っているかどうかを調べたものです。表を完成させましょう。

犬＼ねこ	飼っている(人)	飼っていない(人)	合計(人)
飼っている(人)	3		9
飼っていない(人)		9	
合計(人)			22

〔12点〕

答えは
72ページ

①

3・4ページ

① ❶ $(1-x)$ L ❷ $(x÷6)$ cm

② ❶ $(x×4)$ 個

❷ $x×4=32$
   $x=32÷4=8$ 8個

③ ❶ $500-(25×a+100)$

❷ 200円   ❸ 100円

★ ★ ★

① ❶ $x×6=y$ ❷ 36cm ❸ 7.5cm

② ❶ ④ ❷ ⑦ ❸ ① ❹ ⑦

②

5・6ページ

① ❶ 4、3、12 ❷ 5、2、5

❸ 4、12、16

② ❶ $\dfrac{2}{5}$ ❷ $\dfrac{25}{4}\left(6\dfrac{1}{4}\right)$ ❸ $\dfrac{10}{3}\left(3\dfrac{1}{3}\right)$

❹ 14 ❺ $\dfrac{77}{8}\left(9\dfrac{5}{8}\right)$ ❻ $\dfrac{7}{2}\left(3\dfrac{1}{2}\right)$

③ $\dfrac{7}{8}×12=\dfrac{21}{2}$ $\dfrac{21}{2}\left(10\dfrac{1}{2}\right)$ kg

★ ★ ★

① ❶ $\dfrac{4}{7}$ ❷ $\dfrac{35}{6}\left(5\dfrac{5}{6}\right)$ ❸ $\dfrac{4}{3}\left(1\dfrac{1}{3}\right)$

❹ $\dfrac{5}{3}\left(1\dfrac{2}{3}\right)$ ❺ $\dfrac{14}{3}\left(4\dfrac{2}{3}\right)$ ❻ 24

❼ $\dfrac{48}{7}\left(6\dfrac{6}{7}\right)$ ❽ $\dfrac{110}{3}\left(36\dfrac{2}{3}\right)$

❾ $\dfrac{27}{4}\left(6\dfrac{3}{4}\right)$ ❿ $\dfrac{99}{2}\left(49\dfrac{1}{2}\right)$

② $\dfrac{4}{5}×3=\dfrac{12}{5}$ $\dfrac{12}{5}\left(2\dfrac{2}{5}\right)$ kg

③ $1\dfrac{2}{3}×5=\dfrac{25}{3}$ $\dfrac{25}{3}\left(8\dfrac{1}{3}\right)$ L

③

7・8ページ

① ❶ $\dfrac{3}{5×7}=\dfrac{3}{35}$ ❷ $\dfrac{8}{9×2}=\dfrac{4}{9}$

❸ $\dfrac{5}{4×15}=\dfrac{1}{12}$

② ❶ $\dfrac{2}{9}$ ❷ $\dfrac{3}{28}$ ❸ $\dfrac{2}{21}$ ❹ $\dfrac{4}{27}$

❺ $\dfrac{1}{16}$ ❻ $\dfrac{3}{10}$ ❼ $\dfrac{2}{7}$ ❽ $\dfrac{2}{9}$

③ $\dfrac{10}{3}÷5=\dfrac{2}{3}$ $\dfrac{2}{3}$ L

★ ★ ★

① ❶ $\dfrac{5}{27}$ ❷ $\dfrac{7}{15}$ ❸ $\dfrac{1}{14}$ ❹ $\dfrac{1}{8}$

❺ $\dfrac{2}{15}$ ❻ $\dfrac{3}{14}$ ❼ $\dfrac{13}{32}$ ❽ $\dfrac{3}{8}$

❾ $\dfrac{4}{15}$ ❿ $\dfrac{11}{63}$

② $\dfrac{12}{5}÷3=\dfrac{4}{5}$ $\dfrac{4}{5}$ m

③ $83\dfrac{1}{3}÷5=\dfrac{50}{3}$ $\dfrac{50}{3}\left(16\dfrac{2}{3}\right)$ km

4

1 線対称　あ、い、う、え
　　　点対称　か

2 ❶ 頂点 H　❷ 辺 CD　❸ 角 F

★ ★ ★

1 線対称　あ、い、う、お、き
　　　点対称　い、え、か、き、く

2 ❶ 頂点 E　❷ 辺 GH　❸ 角 C

5

11・12ページ

1 ❶ 2cm　❷ 90°　❸ 直線 HN
　　❹ 垂直に交わる。　❺ 平行

2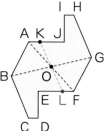

★ ★ ★

1 ❶ 頂点 C
　　❷ 直線 FO
　　❸ 直線 IJ
　　❹ 右の図
　　❺ 180°

2

6

13・14ページ

1 線対称　あ、え、お、か、き、く
　　　点対称　う、え、お、か、く

2 ❶ 2本　❷ 6本

1 ❶ 　❷　❸

2 ❶　❷　❸

3
ア
八角形

4
・O
平行四辺形

7

15・16ページ

1 ❶ $\dfrac{1×\boxed{3}}{4×7}=\dfrac{\boxed{3}}{28}$　❷ $\dfrac{5×\boxed{9}}{6×\boxed{10}}=\dfrac{3}{4}$

2 ❶ $\dfrac{3}{20}$　❷ $\dfrac{5}{18}$　❸ $\dfrac{4}{21}$　❹ $\dfrac{4}{45}$

　　❺ $\dfrac{25}{6}\left(4\dfrac{1}{6}\right)$　❻ $\dfrac{32}{15}\left(2\dfrac{2}{15}\right)$　❼ $\dfrac{2}{7}$

　　❽ $\dfrac{2}{9}$　❾ $\dfrac{1}{2}$　❿ $\dfrac{1}{6}$　⓫ $\dfrac{2}{9}$　⓬ 2

3 $\dfrac{6}{11}×\dfrac{2}{3}=\dfrac{4}{11}$　　　　$\dfrac{4}{11}$ kg

★ ★ ★

1 ❶ $\dfrac{7}{20}$　❷ $\dfrac{24}{25}$　❸ $\dfrac{28}{15}\left(1\dfrac{13}{15}\right)$

　　❹ $\dfrac{22}{15}\left(1\dfrac{7}{15}\right)$　❺ $\dfrac{2}{7}$　❻ $\dfrac{5}{14}$

　　❼ $\dfrac{1}{27}$　❽ $\dfrac{3}{2}\left(1\dfrac{1}{2}\right)$　❾ 2

　　❿ $\dfrac{4}{3}\left(1\dfrac{1}{3}\right)$　⓫ $\dfrac{3}{8}$　⓬ $\dfrac{6}{25}$

2 $\dfrac{1}{18}×\dfrac{6}{7}=\dfrac{1}{21}$　　　　$\dfrac{1}{21}$ kg

3 $\dfrac{2}{9}×\dfrac{3}{4}=\dfrac{1}{6}$　　　　$\dfrac{1}{6}$ kg

8

1 ① $\dfrac{2}{1} \times \dfrac{5}{3} = \dfrac{2\times5}{1\times3} = \dfrac{10}{3}$

② $\dfrac{7}{10} \times \dfrac{3}{5} = \dfrac{7\times3}{10\times5} = \dfrac{21}{50}$

2 ① $\dfrac{5}{2}\left(2\dfrac{1}{2}\right)$ ② 8 ③ $\dfrac{4}{15}$ ④ $\dfrac{3}{4}$

⑤ $\dfrac{21}{40}$ ⑥ $\dfrac{10}{9}\left(1\dfrac{1}{9}\right)$ ⑦ $\dfrac{1}{32}$ ⑧ 3

3 $\dfrac{3}{5} \times 1\dfrac{1}{6} = \dfrac{7}{10}$ $\dfrac{7}{10}$ m²

★ ★ ★

1 ① 22 ② 20 ③ $\dfrac{14}{15}$ ④ $\dfrac{1}{2}$

⑤ $\dfrac{15}{8}\left(1\dfrac{7}{8}\right)$ ⑥ 3 ⑦ $\dfrac{14}{5}\left(2\dfrac{4}{5}\right)$

⑧ 12 ⑨ $\dfrac{1}{5}$ ⑩ $\dfrac{12}{5}\left(2\dfrac{2}{5}\right)$

2 $0.8 \times \dfrac{9}{4} = \dfrac{9}{5}$ $\dfrac{9}{5}\left(1\dfrac{4}{5}\right)$ m²

3 $\dfrac{4}{5} \times \dfrac{3}{7} \times 1\dfrac{5}{9} = \dfrac{8}{15}$ $\dfrac{8}{15}$ cm³

9

1 ① $\dfrac{2}{5} \times \left(\dfrac{2}{3} \times \dfrac{3}{4}\right) = \dfrac{2}{5} \times \dfrac{1}{2} = \dfrac{1}{5}$

② $\dfrac{6}{7} \times \dfrac{1}{3} + \dfrac{9}{8} \times \dfrac{1}{3} = \dfrac{2}{7} + \dfrac{3}{8} = \dfrac{37}{56}$

2 ① $\dfrac{6}{7}$ ② $\dfrac{14}{17}$ ③ 1 ④ $\dfrac{10}{7}\left(1\dfrac{3}{7}\right)$

⑤ 1 ⑥ $\dfrac{5}{7}$ ⑦ $\dfrac{7}{27}$ ⑧ $\dfrac{4}{5}$

⑨ $\dfrac{2}{7}$ ⑩ $\dfrac{17}{36}$

3 ① $\dfrac{9}{2}\left(4\dfrac{1}{2}\right)$ ② 5 ③ $\dfrac{1}{7}$ ④ 5

★ ★ ★

1 ① $\dfrac{3}{20}$ ② $\dfrac{23}{22}\left(1\dfrac{1}{22}\right)$ ③ $\dfrac{1}{11}$ ④ 10

⑤ $\dfrac{1}{5}$ ⑥ $\dfrac{5}{21}$ ⑦ $\dfrac{7}{6}\left(1\dfrac{1}{6}\right)$ ⑧ $\dfrac{1}{9}$

2 ① $\dfrac{13}{6}$ ② $\dfrac{3}{5}$ ③ $\dfrac{2}{3}$ ④ $\dfrac{100}{3}$

3 $\left(\dfrac{8}{3}+\dfrac{4}{5}\right)\times15 = 52$ 52 L

10

1 ① $\dfrac{3}{5}\times3 = \dfrac{3\times3}{5} = \dfrac{9}{5}$

② $\dfrac{2}{7}\times\dfrac{5}{4} = \dfrac{2\times5}{7\times4} = \dfrac{5}{14}$

2 ① $\dfrac{10}{3}\left(3\dfrac{1}{3}\right)$ ② $\dfrac{4}{5}$ ③ $\dfrac{18}{35}$

④ $\dfrac{8}{27}$ ⑤ $\dfrac{5}{3}\left(1\dfrac{2}{3}\right)$ ⑥ $\dfrac{5}{4}\left(1\dfrac{1}{4}\right)$

⑦ $\dfrac{1}{14}$ ⑧ $\dfrac{3}{2}\left(1\dfrac{1}{2}\right)$ ⑨ $\dfrac{20}{9}\left(2\dfrac{2}{9}\right)$

⑩ 4

3 $\dfrac{8}{9}\div\dfrac{4}{7} = \dfrac{14}{9}$ $\dfrac{14}{9}\left(1\dfrac{5}{9}\right)$ kg

★ ★ ★

1 ① $\dfrac{7}{8}$ ② $\dfrac{25}{6}\left(4\dfrac{1}{6}\right)$ ③ $\dfrac{15}{14}\left(1\dfrac{1}{14}\right)$

④ $\dfrac{9}{8}\left(1\dfrac{1}{8}\right)$ ⑤ $\dfrac{25}{27}$ ⑥ $\dfrac{18}{35}$

⑦ $\dfrac{15}{4}\left(3\dfrac{3}{4}\right)$ ⑧ $\dfrac{7}{10}$ ⑨ $\dfrac{5}{6}$

⑩ $\dfrac{2}{3}$ ⑪ 8 ⑫ $\dfrac{9}{10}$

2 $\dfrac{1}{3}\div\dfrac{3}{7} = \dfrac{7}{9}$ $\dfrac{7}{9}$ m²

3 $\dfrac{77}{3}\div\dfrac{22}{9} = \dfrac{21}{2}$ $\dfrac{21}{2}\left(10\dfrac{1}{2}\right)$分

11

23・24ページ

1 ➊ $\dfrac{9}{5} \div \dfrac{2}{3} = \dfrac{9}{5} \times \dfrac{3}{2} = \dfrac{27}{10}$

➋ $\dfrac{3}{10} \div \dfrac{5}{7} = \dfrac{3}{10} \times \dfrac{7}{5} = \dfrac{21}{50}$

2 ➊ $\dfrac{15}{2}\left(7\dfrac{1}{2}\right)$ ➋ 6 ➌ $\dfrac{6}{7}$

➍ $\dfrac{2}{3}$ ➎ $\dfrac{7}{10}$ ➏ 4 ➐ $\dfrac{2}{7}$

➑ $\dfrac{5}{9}$ ➒ $\dfrac{1}{40}$ ➓ 1

3 $2\dfrac{4}{5} \div \dfrac{7}{6} = \dfrac{12}{5}$　　$\dfrac{12}{5}\left(2\dfrac{2}{5}\right)$m

★ ★ ★

1 ➊ $\dfrac{10}{3}\left(3\dfrac{1}{3}\right)$ ➋ 14 ➌ $\dfrac{16}{9}\left(1\dfrac{7}{9}\right)$

➍ $\dfrac{20}{3}\left(6\dfrac{2}{3}\right)$ ➎ $\dfrac{4}{3}\left(1\dfrac{1}{3}\right)$ ➏ $\dfrac{3}{11}$

➐ 2 ➑ $\dfrac{1}{4}$ ➒ $\dfrac{9}{16}$

➓ $\dfrac{12}{5}\left(2\dfrac{2}{5}\right)$ ⓫ $\dfrac{1}{14}$ ⓬ 120

2 $\dfrac{14}{5} \div 0.4 = 7$　　　　7 本

3 $\dfrac{63}{20} \times 2 \div 3 = \dfrac{21}{10}$　$\dfrac{21}{10}\left(2\dfrac{1}{10}\right)$cm

12

25・26ページ

1 ㋒、㋓

2 ➊ $\dfrac{8}{5}\left(1\dfrac{3}{5}\right)$ ➋ 6 ➌ $\dfrac{5}{2}\left(2\dfrac{1}{2}\right)$

3 $\dfrac{2}{3} \div \dfrac{1}{6} = 4$　　　　　4 倍

4 $x \times \dfrac{5}{9} = 20$　$x = 20 \div \dfrac{5}{9} = 36$　36 人

★ ★ ★

1 ㋑、㋛

2 ➊ $\dfrac{3}{2}\left(1\dfrac{1}{2}\right)$ ➋ $\dfrac{25}{12}\left(2\dfrac{1}{12}\right)$ ➌ $\dfrac{7}{8}$

3 $1400 \div \dfrac{4}{7} = 2450$　2450 円

4 $x \times \dfrac{3}{5} = 84$　$x = 84 \div \dfrac{3}{5} = 140$　140 ページ

13

27・28ページ

1 ➊ 1 組　➋ 2 組

➌ 1 組…2.9 秒、2 組…2.8 秒

➍ 1 組…8.25 秒、2 組…8.05 秒

➎ 1 組…8.1 秒、2 組…7.8 秒

➏ 1 組…8.1 秒、2 組…7.85 秒

★ ★ ★

1 1 組

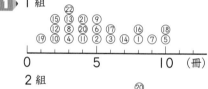

2 組

2 平均値　1 組…5　2 組…6

最ひん値　1 組…3　2 組…8

中央値　1 組…4.5　2 組…6

14

29・30ページ

1 ➊ 上から順に、2、4、8、2

➋ 階級…40 回以上 50 回未満

度数…8 人

➌ 4 番め…40 回以上 50 回未満

11 番め…30 回以上 40 回未満

➍ 人数…10 人、割合…62.5 %

1 上から順に、

1組…2、3、2、4、7、4、3

2組…3、3、2、7、3、1、5

2 ❶ 1組…35点以上40点未満

2組…30点以上35点未満

❷ 1組　人数…7人、割合…28%

2組　人数…6人、割合…25%

15　31・32ページ

1 ❶ 16人　❷ 25%

❸ 2番めから5番めまで

2 ❶ 35才以上40才未満

❷ 10才以上20才未満

★ ★ ★

1 ❶ 右図

❷ 30分以上40分未満

❸ 30分以上40分未満

(人) 1日の勉強時間

2 ❶ 2班　❷ 1班

16　33・34ページ

1 ❶ 5×5×3.14=78.5　78.5cm²

❷ 4×4×3.14=50.24　50.24m²

2 ❶ $7×7×3.14×\frac{1}{2}=76.93$　76.93cm²

❷ $6×6×3.14×\frac{1}{4}=28.26$　28.26cm²

3 8×8×3.14−4×4×3.14

=150.72　150.72cm²

★ ★ ★

1 ❶ 10×10×3.14=314　314cm²

❷ 12.56÷3.14÷2＝2

2×2×3.14=12.56　12.56cm²

2 ❶ 10×10−5×5×3.14=21.5

21.5cm²

❷ 14×14−7×7×3.14=42.14

42.14cm²

❸ $(7×7×3.14−4×4×3.14)×\frac{1}{4}$

=25.905　25.905cm²

❹ $6×6×3.14×\frac{1}{2}−3×3×3.14$

=28.26　28.26cm²

17　35・36ページ

1 ❶ 7.5g　❷ $y=7.5×x$

❸ ㋐ 30　㋑ 37.5　㋒ 7　㋓ 9

2 ❶ ○　❷ ×　❸ ○　❹ ○

★ ★ ★

1 ❶ 比例している。

❷ $y=4×x$

❸ ㋐ 24　㋑ 10

❹ $y=4×16=64$　64cm

2 ❶ ×　❷ ○　❸ ○　❹ ×

18　37・38ページ

1 ❶ ㋐ 4　㋑ 8　㋒ 12

❷ y(L)　❸ 16L

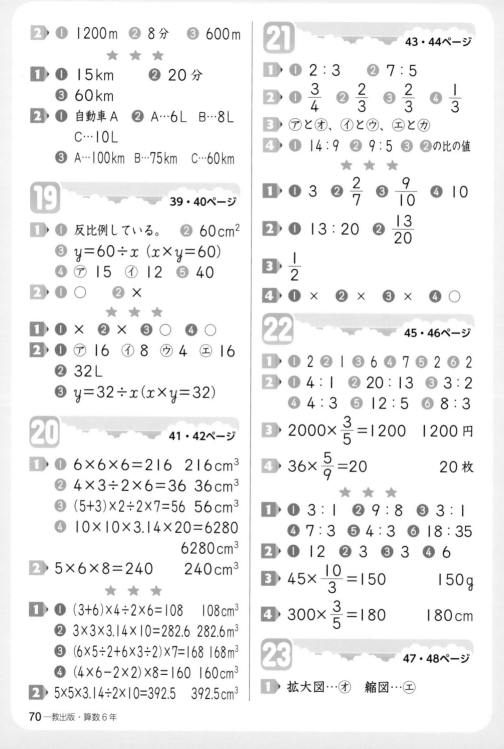

2 ❶ 1200m ❷ 8分 ❸ 600m

★ ★ ★

1 ❶ 15km ❷ 20分
❸ 60km

2 ❶ 自動車A ❷ A…6L B…8L
C…10L

❸ A…100km B…75km C…60km

19

39・40ページ

1 ❶ 反比例している。 ❷ 60cm²
❸ $y=60\div x$ $(x\times y=60)$
❹ ⑦ 15 ⑦ 12 ❺ 40

2 ❶ ○ ❷ ×

★ ★ ★

1 ❶ × ❷ × ❸ ○ ❹ ○

2 ❶ ⑦ 16 ⑦ 8 ⑦ 4 ⑤ 16
❷ 32L
❸ $y=32\div x$ $(x\times y=32)$

20
41・42ページ

1 ❶ $6\times6\times6=216$ 216cm³
❷ $4\times3\div2\times6=36$ 36cm³
❸ $(5+3)\times2\div2\times7=56$ 56cm³
❹ $10\times10\times3.14\times20=6280$
6280cm³

2 $5\times6\times8=240$ 240cm³

★ ★ ★

1 ❶ $(3+6)\times4\div2\times6=108$ 108cm³
❷ $3\times3\times3.14\times10=282.6$ 282.6m³
❸ $(6\times5\div2+6\times3\div2)\times7=168$ 168m³
❹ $(4\times6-2\times2)\times8=160$ 160cm³

2 $5\times5\times3.14\div2\times10=392.5$ 392.5cm³

21
43・44ページ

1 ❶ 2:3 ❷ 7:5

2 ❶ $\frac{3}{4}$ ❷ $\frac{2}{3}$ ❸ $\frac{2}{3}$ ❹ $\frac{1}{3}$

3 ⑦と⑦、⑦と⑦、⑤と⑦

4 ❶ 14:9 ❷ 9:5 ❸ ❷の比の値

★ ★ ★

1 ❶ 3 ❷ $\frac{2}{7}$ ❸ $\frac{9}{10}$ ❹ 10

2 ❶ 13:20 ❷ $\frac{13}{20}$

3 $\frac{1}{2}$

4 ❶ × ❷ × ❸ × ❹ ○

22
45・46ページ

1 ❶ 2 ❷ 1 ❸ 6 ❹ 7 ❺ 2 ❻ 2

2 ❶ 4:1 ❷ 20:13 ❸ 3:2
❹ 4:3 ❺ 12:5 ❻ 8:3

3 $2000\times\frac{3}{5}=1200$ 1200円

4 $36\times\frac{5}{9}=20$ 20枚

★ ★ ★

1 ❶ 3:1 ❷ 9:8 ❸ 3:1
❹ 7:3 ❺ 4:3 ❻ 18:35

2 ❶ 12 ❷ 3 ❸ 3 ❹ 6

3 $45\times\frac{10}{3}=150$ 150g

4 $300\times\frac{3}{5}=180$ 180cm

23
47・48ページ

1 拡大図…⑦ 縮図…⑤

2 ❶  ❷

★　★　★

1 ❶ 15cm ❷ 12cm ❸ 37°

2

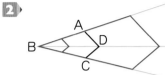

24　　　　　　　　49・50ページ

1 ❶ $\dfrac{1}{10000}$、 1：10000

　 ❷ $\dfrac{1}{200000}$、 1：200000

2 ❶ 20cm ❷ 3cm

3 ❶ 606m ❷ 21700m²

　 ❸ 2000倍

★　★　★

1 ❶ $\dfrac{1}{400000}$、 1：400000

　 ❷ $\dfrac{1}{250000}$、 1：250000

　 ❸ $\dfrac{1}{625000}$、 1：625000

2 ❶ 1.5km ❷ 0.2km

3 （縮図は省略） 約14m

25　　　　　　　　51・52ページ

1 （3＋6）×3÷2＝13.5 約13.5km²

2 ❶ 四角形 ❷ 400×400÷2
　 ＝80000 約80000km²

3 10×30×15＝4500 約4500cm³

★　★　★

1 ❶ 6×8＝48 約48m²

　 ❷ 48×1.5＝72 約72m³

2 3×3×3.14×20＝565.2 約565.2cm³

3 25×60×30＝45000 約45000cm³

26　　　　　　　　53・54ページ

1 6通り

2 ❶ ㋐2通り ㋑2通り ㋒2通り

　 ❷ 6通り ❸ 2通り ❹ 2通り

3 ❶ 8通り ❷ 3通り

★　★　★

1 ❶ 6通り ❷ 24通り

2 ❶ 9通り ❷ 18通り ❸ 8通り

　 ❹ 18通り ❺ 10通り

27　　　　　　　　55・56ページ

1 6通り 2 10通り

3 ❶ 9通り ❷ ㋐と㋑ ❸ ㋑と㋑

★　★　★

1 4通り 2 10通り

3 ❶ 27通り ❷ ㋒と㋕と㋖

　 ❸ 2通り ❹ 4通り

28　　　　　　　　57ページ

1 ❶ （順に）5140000000、
　 514000

　 ❷ （順に）27.3、0.273

2 ❶ 90000 ❷ 7500000

3 ❶ 9.05 ❷ 3.04 ❸ 12.04 ❹ 7.68

4 ❶ 4.2 ❷ 47

5 ❶ $\dfrac{8}{9}$ ❷ $\dfrac{17}{12}\left(1\dfrac{5}{12}\right)$ ❸ $\dfrac{11}{10}\left(1\dfrac{1}{10}\right)$

④ $\dfrac{12}{35}$　⑤ $\dfrac{9}{14}$　⑥ $\dfrac{27}{28}$

⑦ $\dfrac{20}{11}\left(1\dfrac{9}{11}\right)$　⑧ $\dfrac{14}{15}$

③ $2\,\text{m}^3$　④ $0.3\,\text{kL}$　⑤ $2\,\text{dL}$

⑥ $200\,\text{mL}$　⑦ $60\,\text{L}$　⑧ $1500\,\text{L}$

⑨ $7000\,\text{mg}$　⑩ $0.012\,\text{kg}$

29　58ページ

1️⃣ ❶ 45　❷ 24

2️⃣ ❶ 12　❷ 8

3️⃣ $\dfrac{9}{8}$、1.15、$1\dfrac{1}{5}$、$1\dfrac{1}{4}$

4️⃣ ❶ $\dfrac{9}{20}$　❷ $\dfrac{25}{7}\left(3\dfrac{4}{7}\right)$　❸ 3

5️⃣ ❶ 19　❷ 29

6️⃣ $\dfrac{6}{7}\times\dfrac{80}{60}\div4=\dfrac{2}{7}$　　　$\dfrac{2}{7}$ L

30　59ページ

1️⃣ ❶ ㋐ $60°$　㋑ $120°$　㋒ $60°$

❷ $\dfrac{1}{2}$

2️⃣ ❶ 面㋓　❷ 面㋑、㋒、㋓、㋔

❸ 辺 DC、EF、HG

3️⃣ ❶ $19.625\,\text{cm}^2$　❷ $37.68\,\text{cm}^2$

31　60ページ

1️⃣ ❶ $16\,\text{cm}^2$　❷ $24\,\text{m}^2$　❸ $56\,\text{cm}^2$

❹ $31\,\text{m}^2$　❺ $28.26\,\text{cm}^2$

2️⃣ ❶ $360\,\text{m}^3$　❷ $128\,\text{cm}^3$

32　61ページ

1️⃣ ❶ mL（L）　❷ m^2　❸ g

❹ cm

2️⃣ ❶ $3000\,\text{m}$　❷ $5000\,\text{mm}$　❸ $0.3\,\text{km}$

❹ $400\,\text{a}$　❺ $200\,\text{m}^2$　❻ $2\,\text{m}^2$

3️⃣ ❶ $400000\,\text{cm}^3$　❷ $400\,\text{cm}^3$

33　62ページ

1️⃣ （順に）80、160、240、320、400

2️⃣ $y=24\div x$

3️⃣ ❶ 比　$y=4\times x$

❷ 反　$y=25\div x$

❸ 比　$y=350\times x$

❹ 反　$y=80\div x$

34　63ページ

1️⃣ $300\,\text{g}$

2️⃣ ❶ 分速 $70\,\text{m}$　❷ 20分

3️⃣ ❶ 8%　❷ 20%　❸ 103%

❹ 140%

4️⃣ ❶ 8　❷ 25　❸ 400　❹ 1530

5️⃣ ❶ 1　　❷ 30

35　64ページ

1️⃣ ❶ ㋔　❷ ㋑　❸ ㋒、㋓

2️⃣ ❶

			⑨	
			⑧	
⑥			③	
⑤	④②	⑩①		⑦
7.5		8.0		8.5(秒)

❷ 平均値…8.1 秒

最ひん値…8.4 秒

中央値…8.15 秒

3️⃣

犬＼ねこ	飼っている(人)	飼っていない(人)	合計(人)
飼っている(人)	3	6	9
飼っていない(人)	4	9	13
合計(人)	7	15	22

3 2 1 0 9 8 7 6 5 4

* * D C B A